集団的自衛権と安全保障

豊下楢彦
Narahiko Toyoshita
古関彰一
Shoichi Koseki

岩波新書
1491

はしがき

〝架空のシナリオ〟を語る安倍首相

本年（二〇一四年）五月一五日、安倍晋三首相は、自らが任命した安保法制懇（安全保障の法的基盤の再構築に関する懇談会）が憲法解釈の変更によって集団的自衛権の行使は認められるとの「報告書」を提出したことを受けて、国民に向けての記者会見を開いた。その冒頭で、「具体的な例」としてパネルを使って説明したのが、事実上の朝鮮半島有事を想定しつつ、避難する邦人を救助、輸送する米艦船が攻撃を受けた場合であった。首相は、「このような場合でも日本自身が攻撃を受けていなければ、日本人が乗っているこの米国の船を日本の自衛隊は守ることができない、これが憲法の現在の解釈です」と述べ、集団的自衛権を行使できない現状では日本国民を守ることができないと、声高に訴えた。

しかし、実はこうした事例は、現実には全く起こり得ない。なぜなら、在韓米軍が毎年訓練を行っている「非戦闘員避難救出作戦」（NEO：Non-combatant Evacuation Operation）で避難させるべき対象となっているのは、在韓米国市民一四万人、「友好国」の市民八万人の計二二万人(二〇一二年段階)であり、この「友好国」とは英国、カナダ、オーストラリア、ニュージーランドというアングロ・サクソン系諸国なのである。さらに避難作戦は具体的には、航空機によって実施される。

つまり、朝鮮半島有事において米軍が邦人を救出することも、ましてや艦船で避難させることも、絶対にあり得ないシナリオなのである。有事において在韓邦人は、まずは韓国の市民と共に避難行動をとらねばならないのであり、だからこそ、日韓両国の友好関係の構築が必須の課題なのである。

問題は、過去半世紀以上にわたり歴代自民党政権によっても憲法違反とされてきた集団的自衛権の行使を、解釈変更によって可能であると国民に広く訴える歴史的な記者会見において、安倍首相が全くの〝架空のシナリオ〟を持ちだし、しかも、「お父さんやお母さんや、おじいさんやおばあさん、子供たちかも知れない。彼らが乗っている米国の船を今、私たちは守ることができない」と述べて、まさに〝情感〟に訴える手法をとったことである。

これは、「国民に分かりやすく」するためのレトリックどころか、人を欺くトリックそのものであり、これに政界、メディア、世論が翻弄されているならば、安倍首相の罪は限りなく重い。あるいは逆に、自らが掲げたこの事例に関し、在韓米軍の「非戦闘員避難救出作戦」の存在さえ知らずに議論をしているのであれば、日本の最高指導者として失格と言わざるを得ない。いずれにせよ、こうしたトリックまがいの手法をとらざるを得ないところに、安倍首相が主導する集団的自衛権をめぐる議論の〝支離滅裂さ〟が象徴的に示されていると言えよう。

ミサイルの脅威と原発「再稼働」

例えば、首相は同じ記者会見で、「北朝鮮のミサイルは、日本の大部分を射程に入れています。東京も大阪も、皆さんの町も例外でありません」と、北朝鮮のミサイルの脅威を強調した。現実に「日本の大部分」が射程に入っているというのであれば、言うまでもなく、五〇基近い原子力発電所も、北朝鮮のミサイルのターゲットになっているはずである。

それでは、なぜ安倍首相は原発の「再稼働」を急ぐのであろうか。ミサイル防衛の問題性については第I部第三章で詳しく述べるが、そもそも日本の原発それ自体はミサイル攻撃には全く無防備で、しかも稼働中であれば未曽有の被害を招くであろうことは、火を見るより明らかである。にもかかわらず再稼働に突き進むということは、そもそも北朝鮮のミサイルの脅威を喧伝するのは国民の不安を煽りたてるためであり、安倍首相は本音のところでは、北朝鮮はミサイル攻撃をしてくるような「理性を欠いた国ではない」と考えているからであろうか。

しかしそうであれば、なぜ北朝鮮がハワイやグアムなど米国にミサイル攻撃を行った場合に、それを日本が迎撃するためには集団的自衛権の行使が必要であるといったシナリオを、安倍首相は重要事例として持ちだすのであろうか。言うまでもなく、そもそも北朝鮮が米国を攻撃するということは、それを奇貨とした米国の総反撃によって体制が崩壊することを覚悟した〝理性を欠いた自殺行為〟に他ならないのである。どこから考えても、安倍首相の言動は支離滅裂と言う以外にない。

「限定的かつ受動的」な機雷掃海

さらなる問題は、玉虫色の閣議決定の文言にかかわることなく安倍首相が〝執念〟を燃やす、「機雷掃海」をめぐる議論である。具体的には、ホルムズ海峡にイランが機雷を敷設した場合に、海上自衛隊が掃海艦を派遣してそれを除去するという課題であるが、この機雷掃海と集団的自衛権の行使とは、いかなる関係にあるのであろうか。

想定としては、イランによる機雷敷設を米艦船への「武力攻撃」と看做した米国が、日本に対して集団的自衛権を行使するように「明示の要請」を行うことから始まる。この要請をうけて海上自衛隊の掃海艦が派遣され機雷の除去を行う訳であるが、政府・自民党は、機雷掃海は地上戦のような戦闘行為ではないから、「限定的かつ受動的な武力行使」であると説明する。しかし、そもそも米国とイランが戦争しているただ中で、イランが敷設した機雷の除去にあたることが、なぜ「限定的かつ受動的」なレベルに止まる、などと主張することができるのであろうか。

日本による機雷掃海を敵対的な「武力行使」と判断したイランが、掃海艦の護衛艦に攻撃を加えてきた場合、あるいは近くにいる米艦船を攻撃した場合、自衛隊は「我々の任務は限定的かつ受動的なものであります」と言明して、一切の応戦をせず掃海活動を中止して撤退するのであろうか。言うまでもなく、こういう状況で撤退するのであれば、わざわざ集団的自衛権を行使した〝甲斐がない〟のであって、当然自らの護衛艦や米艦船を守るために、海上自衛隊はイランに反撃しなければならないはずである。かくして、日本はイランとの間で本格的な戦争状態に入りこみ、派遣された自衛隊の活動は「無限定かつ能動的」にならざるを得ないのである。

「海外派兵はいたしません」

右のような事態が容易に想定できるにもかかわらず、安倍首相や外務省は集団的自衛権の行使に止まらず、国連安保理決議を背景に多国籍軍が戦った湾岸戦争のような、いわゆる集団安全保障にも参加して武力行使ができる道を開こうとしている。憲法九条の解釈変更をめぐる政府作成の想定問答集には、一定の要件が満たされるならば、集団安全保障においても「憲法上『武力の行使』は許容される」と明記されているのである。

なぜ集団安全保障に踏み込まねばならないのであろうか。具体的な想定としては、ホルムズ海峡で集団的自衛権の行使として機雷掃海を行っている間に、国連安保理決議が出て集団安全保障措置に移行した場合、海上自衛隊は掃海活動を止めねばならず、こうした「法的空白」ができてよいのか、という議論である。従って、掃海活動を切れ目なく継続するためには、集団安全保障措置においても自衛隊が活動できるようにしなければならない、という「結論」に至るのである。

実に奇々怪々の議論立てと言う以外にない。こうした議論の組み立て方は、つまるところ、集団安全保障においても自衛隊に武力行使をさせるための、文字通り〝為にする議論〟の典型である。なぜなら、そもそも安倍首相や外務省は、そこまで根拠法や法原則や公約に忠実なのであろうか、それほどに〝順法精神〟に溢れているのであろうか。例えば、安倍首相は再三にわたり、集団的自衛権を行使するにしても、「海外派兵はいたしません」と言明してきた。つまり自衛隊は、領土や領海など他国の領域には入らない、と公約してきたのである。

ところが、実はホルムズ海峡は、オマーンあるいはイランの領海によって占められ公海は存在しないのである。とすれば、安倍首相の公約に従えば、海上自衛隊の掃海艦はホルムズ海峡の手前で引き返してこなければならず、そもそも掃海活動など行えないのである。あるいはこの場合、オマーンの同意を得て領海に入ることが想定されているのであろうか。そうとすれば、当事国の同意や要請さえあれば、自衛隊は他国の領域内に入ることができることになり、「海外派兵はいたしません」などという公約は、たちまち反故にされてしまう。つまり、公海の存在しないホルムズ海峡での機雷掃海というシナリオの立て方それ自体のなかに、自ら宣言した公約を簡単に破棄してしまう意図が当初より孕まれているのである。

さらに言えば、第I部第一章4節で詳述することになるが、集団的自衛権に関する一九七二年の政府見解は、安保法制懇の「報告書」でさえ、集団的自衛権の行使は違憲であるとの「見解を示した」ものと断じているにもかかわらず、政府・自民党はこの見解を〝切り貼り〟し、全く逆に、集団的自衛権の行使を容認したものと看做し、強引に自らの議論の正当化をはかろうとしてきたのである。

海外派兵に関する公約の破棄や、この一九七二年政府見解の〝アクロバット的解釈〟を見れば、安倍政権や外務省が、憲法や法律や公約などに関し、いかに安易に恣意的解釈を行い、いかに軽々しくそれらを反故にするか、もはや多言を要しないであろう。

従って、自衛隊の創設から六〇年目にあたる七月一日に、その自衛隊のあり方を根底から変える閣議決定がなされたが、その文言で、政府原案にあった「他国に対する武力攻撃」が「我が国と密接な関係にある他国」に修正され、あるいは「国民の権利が根底から覆されるおそれがある場合」が「覆される明白な危険がある場合」に修正されたからといって、いかなる「歯止め」にもならないのである。つまり、集団的自衛権の行使は違憲であるという大前提が一たび突破されてしまうと、まさに「蟻の一穴」ではないが、事態は無限定的に広がっていくのである。

「軍事オタク」の典型事例

安倍首相や安保法制懇、あるいは自民党であれ外務省であれ、集団的自衛権をめぐる議論における深刻な問題性は、具体的な情勢分析が完全に欠落している、ということなのである。

例えば、ホルムズ海峡の機雷掃海というシナリオの場合、事実上の前提とされているのは、すでに触れたように、イランが機雷敷設によって米艦船に「武力攻撃」をかける、という事態である。しかし、米国や欧州諸国との「対話」に舵を切った現在のイラン指導部が、そもそも何のために米国に攻撃を加えるのであろうか。「軍事オタク」の特徴は、問題の政治的・外交的背景を捨象し、あたかもゲームセンターで戦争ゲームをしているかの如くシナリオを設定するのであるが、右の事例は、この一つの典型である。

時あたかも、イラクではアルカイダとスンニ派系過激組織からなるＩＳＩＳ(イラク・シリアのイスラム国)が急速に支配地域を拡大し、その背後では旧サダム・フセインの勢力が〝復権〟の機会を窺っているという情勢展開において、米国とイランが〝提携〟を模索する動きさえ報じられているのである。こうした情勢において、なぜイランは米国を攻撃するのであろうか。まさに、荒唐無稽のシナリオである。

あるいは、サウジアラビアがイランの機雷敷設で「武力攻撃」を受けたと主張し、日本に集団的自衛権の行使を要請してくる場合が想定されているのであろうか。たしかに、サウジアラビアは日本の原油輸入の三割を越える最大の供給国である以上、事態は「日本の存立」にかかわるかも知れない。しかし、同国を機雷掃海という形であれ「軍事支援」することは、日本が中東におけるスンニ派とシーア派の争いのただ中に巻き込まれることを意味する。

以上のように具体的に情勢を分析するならば、そもそもホルムズ海峡での機雷掃海というシナリオは、何を意味しているのであろうか。単なる机上の議論か、あるいはホメイニ革命や「悪の枢軸」と措定された時代のイランと米国との関係のイメージに、思考が〝呪縛〟されてしまっているのであろう。

たしかに、「戦時の機雷掃海」というシナリオの設定自体が、一九九一年の湾岸戦争をめぐるトラウマの産物に他ならない。第Ⅲ部第一章で詳述するように、一三五億ドルもの巨額を拠出し、戦争の終了後には海上自衛隊がペルシャ湾での機雷の掃海作業に従事したにもかかわらず、結局のところ「カネだけ出して汗も血も流さない」との批判を受けたことが、政府・外務省のなかに深刻なトラウマとして残ってきたのである。

しかし端的に言って、二十数年間にわたってトラウマに苛まれてきたということは、そもそも湾岸戦争とは何であったかという根本的な総括が、一切なされてこなかったことを示している。第Ⅲ部第一章1節で検証するように、「敵の敵は友」といった短絡的な米国の中東政策が、サダム・フセインというモンスターを育て上げたという湾岸戦争の本質問題に正面から向き合おうとしてこなかったがために、「戦時の機雷掃海」という矮小な執念に取りつかれ、〝思考停止〟の状態に陥ってしまっているのである。だからこそ、イラン、シリア、サウジアラビア、イラク、そして米国などの利害が複雑に錯綜する中東政治の現実を見ることができず、「百年一日」の如く、イランによる米国への攻撃といった荒唐無稽のシナリオしか描けないのである。

なぜ手段が自己目的と化すのか

以上に見てきたように、米艦船による邦人救出という〝架空のシナリオ〟、北朝鮮によるミサイルの脅威の喧伝と原発「再稼働」という根本的な矛盾、あるいはホルムズ海峡での機雷掃海という〝幻のシナリオ〟など、なぜ集団的自衛権をめぐる議論は、これほどにリアリティを欠いているのであろうか。それは、本来であれば何らかの具体的な問題を解決するための手段であるはずの集団的自衛権が、自己目的となってしまっているからである。

なぜ自己目的と化してしまうのであろうか。それはつまるところ、集団的自衛権の問題が、安倍首相の信念、あるいは情念から発しているからである。翻ってみれば、二〇〇六年九月末に第一次政権を発足させた安倍首相は、最初の外遊先として翌月に中国を訪問し、これに応えて翌〇七年四月には温家宝首相が来日して「戦略的互恵関係」の促進で一致したのである。かくして、小泉政権時代に悪化の一途をたどった日中関係は、急速に改善への道を歩み始めた。

さて問題は、安倍首相が安保法制懇を組織し、集団的自衛権の行使に向けて本格的な取り組みに乗り出したのが、温家宝首相の来日の当月であった、ということにある。これが意味していることは、安倍首相にとって集団的自衛権の問題は、必ずしも「安全保障環境の悪化」の問題と直接結びついてはいない、ということなのである。それでは、そもそも何が安倍首相を集団的自衛権に駆り立てるのであろうか。それは言うまでもなく、「戦後レジームからの脱却」という宿願を果たしていく上で、不可欠の課題であるからに他ならない。

第Ⅰ部第二章2節で検討することになるが、安倍首相にとって集団的自衛権の問題は、「東京裁判史観」によってマインドコントロールされてきた戦後日本の国家のあり方を根本的に改造せねばならない、という課題意識のなかに位置づけられているのである。だからこそ、様々な事例やシナリオが支離滅裂であり具体性を欠いているといったことは問題の外であり、最大の眼目は、青年が誇りをもって「血を流す」ことができるような国家体制を作り上げていくところにある。だからこそ、集団的自衛権と憲法改正の問題は、まさに国家のあり方と日本の進路の根幹にかかわる問題なのである。

本書はⅢ部から成る。第Ⅰ部では、安保法制懇の「報告書」と安倍首相の言動を軸に、集団的自衛権をめぐる議論を内外情勢の具体的で歴史的な分析を踏まえて捉え直そうとするものである。第Ⅱ部は、自民党の憲法改正草案と国家安全保障戦略を対象にすえつつ、戦後の憲法改正論議の歴史的総括と国家安全保障概念の根本的な問い直しを行うことによって、いま憲法改正とはいかなる意味をもつのか、その問題性を抉りだそうとする。ただ、集団的自衛権の行使や憲法改正の動きを批判的に論じているだけでは、今日の情勢展開に対応することはできない。第Ⅲ部は、「中国の脅威」や内外情勢の動向、近年の安全保障認識の展開を踏まえつつ、日本が果たすべき国際的役割について、憲法諸原則を軸とした新たな方向性を提示するものである。

なお、第Ⅰ部については豊下楢彦が担当し、第Ⅱ部は古関彰一が担当し、第Ⅲ部は一、二章を豊下が、三、四章を古関が、それぞれ分担して執筆している。

豊下楢彦

目次

第Ⅱ部 憲法改正と安全保障

第 *I* 部

「集団的自衛権」症候群

共同記者会見をする安倍首相とオバマ米大統領
(2014 年，4 月 24 日，写真提供：毎日新聞社)

第一章　なぜいま「集団的自衛権」なのか

1　「翼を欠いた飛行機」

抑止力の喪失

「はしがき」で触れたように、去る五月一五日、安倍晋三首相の私的諮問機関である安保法制懇が「報告書」を提出した。そこでは、憲法を改正することなく、従来の政府の憲法解釈を変更して「集団的自衛権の行使を認めるべきである」と提言されているが、その際、行使のための要件が記されている。つまり、我が国と密接な関係にある外国に対して武力攻撃が行われること、我が国の安全に重大な影響を及ぼす可能性があること、その国による明示の要請があることであり、そうした場合に「必要最小限の実力を行使してこの攻撃の排除に参加」する、ということなのである。

より具体的には、「我が国への直接攻撃に結びつく蓋然性が高いか、日米同盟の信頼が著しく傷つきその抑止力が大きく損なわれ得るか、国際秩序そのものが大きく揺らぎ得るか、国民の生命や権利が著しく害されるか、その他我が国へ深刻な影響が及び得るかといった諸点」である。

それでは、「報告書」の内容を吟味していく前提として、これらの要件に照らして具体的な事例を考えてみよう。それは、南シナ海の島嶼の領有権をめぐって争いが続いてきたベトナム、あるいはフィリピンに中国が侵攻するケースである。ここで、日本政府が集団的自衛権を行使できると宣言したことを受けて、ベトナム(フィリピン)が日本に軍事支援を正式に要請してきた場合、日本はいかに対応することになるのであろうか。

まず、右の要件に必ずしも直結しないという点を重視して、要請を拒否することが考えられる。しかし、いかなる理由を付けようが、この日本の判断は結果として、ベトナム(フィリピン)の「敵国」である中国を喜ばせ、日本の「弱腰」ぶりが際立つことになるであろう。

そもそも、権利として「集団的自衛権を行使できる」と日本政府が立場を鮮明にさせることは、中国への抑止力を高めることに最大の狙いがある。だからこそ「報告書」は、「抑止力を高めることによって紛争の可能性を未然に減らす」と主張し、安倍首相も「抑止力が高まり、紛争が回避され、我が国が戦争に巻き込まれることがなくなると考えます」と強調するのである(五月一五日の記者会見)。ところが、共に「中国の脅威」に直面するベトナム(フィリピン)を助けないならば、いわば振り上げた拳を下ろさないことになり、要請を拒否した瞬間に抑止力は失われることになろう。それが、国際政治の力学なのである。

行使は戦争である

これとは全く逆に、安倍首相自らが「南シナ海ではこの瞬間も力を背景とした一方的な行為によって国家間の対立が続いています。これは人ごとではありません」(五月一五日の記者会見)と述べるように、中国による「力を背景とした一方的な行為」が「国際秩序そのもの」を大きく揺るがせ、日本に「深刻な影響」が及ぶであろうと判断して、ベトナム(フィリピン)の要請を受け入れて集団的自衛権を行使する場合である。たしかに、安倍政権はかねてより東シナ海と南シナ海の問題は「一体」であると主張してきた訳であり、さらには、シーレーン防衛の重要性や自民党の石破茂幹事長が意欲を示す「アジア版NATO」の結成をめざす立場からしても、要請を拒否する選択肢は無きに等しいであろう。

そこで、集団的自衛権の行使に踏み切ったとして、具体的にいかなる事態が生じるであろうか。

言うまでもなく、日本がベトナム(フィリピン)に向かう中国の艦船を阻止する行動をとる場合はもちろん、ベトナム(フィリピン)に軍事物資を送る行為に出ただけでも、中国からすれば日本は「敵国」となり、日本と中国は戦争状態に入るであろう。もちろん、ここで仮に日本が途中で撤退するようなことがあれば、それはベトナム(フィリピン)からすれば「裏切り行為」に他ならない。

さて、こうした形で集団的自衛権を行使するということは、自衛隊であっても、国際法上は軍隊として戦争することを意味する。だからこそ安倍政権の関係者も、「日本が集団的自衛権を行使することは、敵国に対して宣戦布告することと同じだ。入り口の大きさにかかわらず、向こう側には戦争の世界しかない」と言い切っているのである(『朝日新聞』二〇一四年六月五日)。ところが、「戦争」となった場合、直ちに法的に深刻な問題が生じる。なぜなら、日本には憲法はもちろん、いかなる法令においても、それこそ「宣戦布告」を行う開戦規定も交戦規定も欠落しているからである。さらに重要な問題は、日本では軍法会議が存在しないことである。

軍隊として本格的に「海外」で戦争する場合、軍の規律を維持するため、どこの国でも軍法会議が設置されている。しかし日本の場合は憲法七六条で「特別裁判所」の設置が禁じられている。なぜなら、九条で交戦権が否認されている以上、不要だからである。だからこそ、自民党の憲法改正草案(二〇一二年)では、新たに「国防軍を保持する」と明記すると共に、「国防軍に審判所を置く」と規定して、事実上の軍法会議の設置を準備しているのである。

なぜなら、自衛隊に代わって正式に軍隊として国防軍を組織する以上、軍法会議の設置は不可欠だからである(詳しくは、第Ⅱ部第二章を参照)。ところが驚いたことに、安保法制懇は日本の安全保障にかかわる「法的整備の再構築」をめざし、必要な「国内法の整備」を提言する任務を与えられながら、軍法会議の問題などは一切議論していないのである。

机上の議論

問題のありかは、自民党の石破幹事長の議論に鮮明である。彼はその著作で、現憲法に欠けているものとして「非常事態に対処する規定」と「軍隊についての規定」を挙げる一方で、集団的自衛権については「私は憲法改正しなくてもできるという立場です」と述べている(森本敏・石破茂・西修『国防軍とは何か』幻冬舎ルネッサンス新書、二〇一三年、第三、五章)。ここには、集団的自衛権が、海外で「軍隊が戦争を行う」ことであるという根本認識が欠落している。だからこそ、「軍隊」を持つためには憲法改正が必要であるが、集団的自衛権の行使については現憲法下でも可能であるという、支離滅裂な結論に至るのである。

繰り返しになるが、改めて問題を整理するならば、集団的自衛権を行使するということは、軍隊として戦争することに他ならない。そのためには、本来なら、憲法を改正して自衛隊を正式の軍隊として組織し、開戦規定や交戦規定を整え、軍法会議を設置しなければならないのである。ところが、集団的自衛権という概念のみに「症候群」のように取りつかれ、それを憲法解釈の変更だけで行使しようとするから、右に見たような根本問題が露呈することになる。それは喩えて言えば、「翼を欠いたまま飛行機を飛ばそうとする」ようなものであって、安倍首相や安保法制懇の主張が、文字通りの机上の議論であることを雄弁に物語っているのである。

2 「安全保障環境の悪化」とは何か

米中関係の分析が欠落

第二次安倍政権の発足から安保法制懇の「報告書」に至るまで、キャッチコピーのように使われてきたのが、「日本をとりまく安全保障環境の激変」とか「安全保障環境の悪化」という言葉であり、それを理由に集団的自衛権の行使の緊要性が主張される。ところが「報告書」を見ても、「悪化」の内容として北朝鮮のミサイルの脅威と中国の急速な軍備拡張が挙げられているだけで、東アジアの具体的な情勢分析は何もなされていないのである。

例えば、今日の米中関係についての言及は皆無である。去る三月下旬(二〇一四年)にオランダのハーグで開かれた核セキュリティ・サミットでオバマ大統領は、「新型の米中関係の強化と構築」の必要性を強調し、「米中関係は世界で最も重要な二国間関係」と述べた。なぜ「最も重要」なのか。その理由は皮肉にも、来日をしたオバマ大統領が安倍首相との首脳会談を踏まえて発せられた日米共同声明(四月二五日)に示されている。

そこでは、ウクライナ、イラン、中東和平、アフガニスタン、シリアなどの問題が列挙されたうえで、「これら全ての課題に対処するに当たって、中国は重要な役割を果たし得ることを認識し、中国との間で生産的かつ建設的な関係を築くことへの両国(日米)の関心を再確認する」と明記されているのである。つまり中国は、深刻な国際的な諸課題の解決のために「重要な役割を果たす」国家であるとオバマは認識し、安倍もそれに同意したのである。

つまり米国は、多くの対立軸をかかえ、後述するように中国の軍事拡大に「全次元」での対抗措置を講じながらも、ともかくも中国を「大国」と位置づけ、国際社会の枠組みに取り込んで諸課題に対処していこうとする基本方針に立っているのである。

かくして、本年(二〇一四年)六月下旬から八月にかけてハワイ諸島で、米海軍が主催する環太平洋合同軍事演習(リムパック)が開催されるが、そこに初めて中国海軍が招請された。さらに七月初旬には北京で、六回目を迎える「米中戦略・経済対話」が開かれる。この「対話」は、両国から十数名の閣僚が参加することから米中「共同閣僚会議」とも呼ばれ、二国間、地域間、そしてグローバルにわたる広範な諸問題が協議され、昨年のワシントンでの「対話」では、戦略分野においても九一項目におよぶ「成果」が発表された。また軍部間においても交流が深められ、危機管理体制の構築に向けた動きが推し進められ、年内には、米軍の統合参謀本部長と中国軍の総参謀長という、両軍のトップを結ぶビデオ会議システムが確立されることになっている(『CNNニュース』二〇一四年五月一六日)。

中国は「共通敵」か

だからこそオバマは日米会談で、安倍が進める集団的自衛権行使への取り組みを「歓迎し支持する」との立場を表明したが、訪日直前の『読売新聞』による書面インタビュー(二〇一四年四月二三日)で明らかなように、厳密な二条件を課したのである。第一に「日米同盟の枠内」であること、第二に「近隣諸国との対話」である。要するに、集団的自衛権の行使は米軍の指揮下で行われねばならないこと、しかしその前提として、中国や韓国との「対話」が不可欠の条件であるということであって、日本の集団的自衛権の行使に事実上のタガをはめてしまっているのである。

ここには、後述するように、「歴史修正主義」を標榜して中国包囲網を企図する安倍首相に対する、オバマ政権の警戒感が鮮明に示されている。現に、次期大統領選挙への出馬が有力視されているヒラリー・クリントン前国務長官も、日本の集団的自衛権行使への動きについて、「米国務省、国防総省、ホワイトハウスと緊密な連携を保つことが重要だ」と指摘し、さらに安倍首相の靖国参拝を念頭に、「(他国から)不要な反応を起こさずに国を正しい道に進ませるための戦略を持つことが、日本の国益にかなう」と強調しているのである(『日経新聞』二〇一四年六月一四日)。

さて「報告書」は、米中関係を分析していないばかりではなく、何より重要な隣国である韓国と中国との関係についても全く触れていない。二〇一三年二月に就任した朴槿恵大統領の「反日姿勢」の背景については、旧日本軍の軍人であり「親日大統領」であった父親との関係の問題や、その〝独善体質〟の問題などが論じられている。しかし、少なくとも事実関係として確認できることは、大統領就任当初は日韓首脳会談を急ぎ実現すべく外相の派遣を準備していた(同年四月二六日)にもかかわらず、麻生太郎副総理が靖国参拝を行った(四月二一日)ことで全てがご破算になった、ということなのである。さらに、安倍首相による「村山談話」や「河野談話」の見直し方針の表明が〝追い打ち〟をかけ、朴大統領は米国議会をはじめ諸外国で安倍政権批判を繰り返し、それが日本の世論を刺激するという悪循環に陥ったのである。

本来なら、中国や北朝鮮の脅威に対処するというのであれば、何よりも日本が、二〇一二年六月に突如として「延期」となった軍事情報に関する日韓「秘密保護協定」の締結を実現するための〝環境づくり〟に邁進しなければならなかったはずなのである。ところが現実には、韓国を中国に〝追いやる〟ような事態となった(豊下楢彦『「尖閣問題」とは何か』岩波現代文庫、二〇一二年、

第四章三節)。かくして、朴外交の基本路線は「親米和中」、つまりは、米韓同盟を基軸としつつ中国とも密接な関係を構築するという方向で固められることになり、歴史問題をも背景に〝中韓蜜月〟が生みだされることになったのである。こうした中韓関係の密接さは、七月上旬(二〇一四年)に習近平国家主席が、北朝鮮首脳との会談に先んじて、国賓として初めて韓国を訪問することにも良く示されている。

以上から明らかなことは、日本にとって唯一無二の同盟国たる米国と、密接な提携関係を構築すべき韓国が、共に中国を単純に「敵」とは看做していない、ということなのである。そこにはまた、グローバリゼーションを背景とした中国と米国、韓国との密接な経済関係の存在があり、言うまでもなく、米ソ冷戦時代とは全く様相を異にしているのである。ところが、安倍首相や「報告書」が繰り返す「安全保障環境の悪化」という決まり文句は、あたかも中国を日米韓の「共通敵」に設定するかの如くであるが、こうした旧態依然たる構図はすでに崩れ去っているのである。だからこそ「報告書」は、「安全保障環境」の分析に不可欠な、今日の米中、中韓関係の検証に一切踏み込もうとしないのである。

いつか来た道

ふり返ってみれば、二〇〇六年九月に第一次政権を組織した安倍首相は、アフガニスタン戦争の泥沼にはまり込んだＮＡＴＯからの支援要請をうけて翌〇七年一月にＮＡＴＯ本部で演説し、「日本はＮＡＴＯのパートナーである」「日本はアフガニスタンの未来に賭けている」との演説を行ってアフガニスタンへの自衛隊派遣に積極的な姿勢を示し、同年四月に「安保法制懇」を設置したのである。

ただ、安倍首相にとってより直接的な脅威は、核開発やミサイル発射実験を繰り返す北朝鮮であったのであり、同国を「日米共通の敵」と位置づけ、日本の軍事貢献を強化するため、集団的自衛権の解釈変更に乗り出した。ところが、北朝鮮の脅威を喧伝していた当時の米国のブッシュ・ジュニア共和党政権は、安倍政権の「頭越し」に北朝鮮と秘密交渉を重ね、翌〇七年八月までには、北朝鮮をテロ支援国家の指定から解除する方針を確定させたのである。文字通り「梯子を外された」安倍首相が政権を投げ出したのは、ブッシュ政権から右の「通告」がなされた直後のことであった。

同様の構図は、民主党政権においても見られる。クリントン大統領は中国の脅威を強調して「日米安保再定義」（一九九六年四月）や「新ガイドライン」（九七年九月）を推し進めた。ところが、橋本龍太郎政権が「新ガイドライン」を具体化する周辺事態法を閣議決定してからわずか二ヶ月後の九八年六月には、日本を〝素通り〟して一〇日間も中国を訪問し、江沢民主席と新たな米中関係の構築で合意を行ったのである。

つまり、民主党であれ共和党であれ米国の政権は、中国や北朝鮮の脅威を煽りたて日本を米国の軍事的指揮下に〝動員〟しながら、現実には、日米同盟の枠を越えたレベルから自らの国益に沿って行動しているのである。こうした構図は、今日のオバマ政権において、より顕著である。このように見てくるならば、安倍首相が、本年(二〇一四年)末に予定されている「ガイドラインの見直し」に向けて関連法案の策定が必要であるから憲法解釈の変更による集団的自衛権行使の閣議決定を急がねばならないと強調していることは、まさに〝いつか来た道〟と言う以外にない。

「総理が決める」

さて、「安全保障環境の悪化」にかかわって、さらに「報告書」が全く触れない重要問題がある。それは、安倍政権の「歴史問題」にかかわる言動がいかなる影響を及ぼしているのか、という問題である。特に同首相の靖国参拝(二〇一三年末)は、中国や韓国の批判を招いただけではなく、米国さえ「失望」という外交上異例の表現を使って事実上の抗議を行い、日米同盟関係を揺るがす事態に発展した。さらに深刻な問題は、この靖国参拝が中国に格好の口実を与え、「日本の右傾化」というキャンペーンが世界中で展開され、中国を利する結果をもたらしたことである。

「報告書」は、集団的自衛権の行使にあたっては「内閣総理大臣の主導」とか「総合的に勘案しつつ責任を持って判断すべき」と記して、首相の主導性や総合的判断力に最終決定を委ねるべきことを強調している。つまり問題は、安倍首相の外交ブレーンであり安保法制懇のメンバーでもある岡崎久彦・元駐タイ大使による、「するかどうかは総理が決める。安倍首相は立派な方です」という言葉に尽きるのである。

しかし、そもそも安倍首相は、側近の反対や自重の声をも無視して靖国参拝に踏み切ったと言われる。とすれば、日米同盟を揺るがし、「知日派」を代表するリチャード・アーミテージからさえも「中国の外交を後押しすることになったことは無視できない」と批判されるような言動を行い、自ら「安全保障環境の悪化」に拍車をかけている安倍首相に「総合的で最終的な判断」を求めることは、まさに〝ブラック・ユーモア〟と言う以外にないであろう。

3 「イラク戦争の総括」の欠落

「帝国」の衰退

「安全保障環境の悪化」をめぐり「報告書」は、なぜ尖閣問題をめぐって日中関係がかくも先鋭化したのか、その契機は何であったのか、という重要問題についても何一つ分析していない。問題の背景を掘り下げずに、なぜ対応策を検討することができるのか。要するに「報告書」は、前節で述べてきた諸問題も含め、内外情勢のリアルな分析を全く行っていないのである。従って当然のことながら「報告書」は、今日の国際政治の動向と日本外交のあり方を考えるうえで決定的な意味をもつイラク戦争の総括を、完全に〝素通り〟しているのである。二〇〇三年三月にブッシュ政権はイラクに侵攻し、以来一〇年近くにわたって泥沼の戦争が続いたのであるが、なぜこのイラク戦争の総括が不可欠なのであろうか。

それは何よりも、この間の議論の焦点となっている「パワー・シフト」、つまりは米国のパワーの「相対的衰退」という問題の分水嶺を画したからである。ふり返ってみれば、冷戦の終結以降に一世を風靡したのが「帝国論」であった。それは、古代ローマ帝国をも越える人類史上最大の帝国の出現として米国を描き出すものであった。しかし、わずか十数年で米国は、大国の「衰退」の事例として議論される対象となった訳であるが、その契機が、アフガニスタン戦争に加えて、このイラク戦争であった。

米国の累積債務は、二〇〇一年の約五兆八〇〇〇億ドルから一一年には一五兆五〇〇〇億ドルに達したが、同一一年秋に米ブラウン大学ワトソン研究所は、両戦争に伴う関連出費の総額は最大で約四兆ドルにのぼると試算した。さらに、米兵と両国の治安部隊の死者数は三万人余り、民間人を含めると戦闘による死者は二五万人以上に達すると推計されている（大治朋子『勝てないアメリカ』岩波新書、二〇一二年、二三六頁）。

いかなる「帝国」であっても、これだけの「負債」に耐えることは困難である。そして中国は、米国がこうした戦争にはまり込んでいるのを横目に見つつ、急速に国力を増大させたのである。従って、シリア問題にかかわってオバマ大統領が、アサド政権による化学兵器の使用を機に同国に軍事介入するか否かが問われ、議会に諮る形で不介入を決断したことをもって、オバマの「弱腰」と非難することは、まさに皮相と言う以外にない。なぜなら、オバマが背負い込んでいた最大のトラウマは、ブッシュ前政権がはまり込んだ戦争であったからであり、シリア介入が同じ轍を踏まない保証は皆無であったからである。

「総合的判断」の欠落

ちなみに安倍首相は、二〇一三年八月二八日、カタールのドーハでタミム首長と会談した際に、「シリア情勢の悪化の責任はアサド政権にある。アサド政権は道をゆずるべきだ」と述べて、明確にアサド大統領の退陣を主張した。しかし、当時シリアへの軍事作戦を準備していた米国でさえ、ホワイトハウスのカーニー報道官が「明確にしておきたいことは、我々が検討している選択肢は政権交代ではない」と明言したように、アサド退陣に極めて慎重であった。

なぜなら、デンプシー統合参謀本部議長が、「アサド大統領による支配が終わっても、複数の宗派間の根深く長期的な紛争や権力をめぐる暴力的な闘争は続くだろう」と述べたように、軍事的にアサド政権を打倒しても、その後の〝受け皿〟が明確でなく、かえって泥沼の内戦に陥り、そこにアルカイダなどのテロリスト勢力が介入してくるであろうと判断されていたからである。しかも、こうした判断は、欧州諸国においても共有されていたのである。

ところが安倍首相の認識は、要するに「独裁者さえ倒せば何とかなる」という単純なものであって、ここにはアフガニスタンやイラク戦争がもたらした「深刻きわまりない教訓」から何一つ学んでいない政治家の姿が浮き彫りとなってくるのである。とすれば、国際政治のこうした複雑な動向を読み取れない安倍首相に、集団的自衛権の行使にあたって「総合的判断」を求めることは、〝無いものねだり〟と言う以外にないであろう。

さらにイラク戦争は、国家権力による情報操作という問題性を鮮明に浮かび上がらせた。諜報機関から権力にとって都合の良い情報のみを挙げさせ、「大量破壊兵器は存在する」との〝怪しげな情報源〟からもたらされた「情報」を大々的に喧伝して内外世論を動員し、戦争に突入していったのである。安倍政権が成立させた特定秘密保護法がかかえる問題を検討する際にも、イラク戦争の総括は不可欠なのである。

「我々の責任で立ち上がる」

イラク戦争はさらに、議論の焦点となっている、個別的・集団的自衛権を規定した国連憲章五一条の問題に深くかかわっている。自民党の石破幹事長は「イラク攻撃はアメリカの自衛権の行使ではありません。あれは、国連安保理決議に基づいて多国籍軍が動いたのです」と主張するが(『日本人のための「集団的自衛権」入門』新潮新書、二〇一四年、一四六頁)、これは信じ難い根本的な誤りである。

二〇〇三年三月一七日、ブッシュ大統領は「サダム・フセインは四八時間以内にイラクを去れ」と題して、フセインへの「最後通告」となる全米向けの演説を行ったが、そこでブッシュは「国連安全保障理事会は責任を全うしなかった。それゆえに、我々の責任に応じて立ち上がる」と強調したのである。

実はブッシュ政権は、イラクに軍事介入するためには、大量破壊兵器をめぐる一連の安保理決議だけでは不十分であると認識しており、介入を正当化する明確な安保理決議を求めていたのであったが、フランスの拒否権行使で実現せず、やむなく個別的自衛権の発動として「イラク攻撃」を始めたのである(豊下『集団的自衛権とは何か』岩波新書、二〇〇七年、第一章三節)。だからこそブッシュは、「安保理は責任を全うしなかった」と激しく非難したのである。安全保障の「専門家」と目される日本の政権政党の幹事長は、重要な事実関係について全く無知なのか、あるいは、それを知りながら世論をミスリードしようとしているのか、いずれにせよ深刻な問題である。

憲章五一条に反する戦争

それでは果たして、ブッシュ政権は憲章五一条に基づいて、個別的自衛権の発動としてイラク戦争に踏み切ったのであろうか。答えは、完全な否である。なぜなら、五一条は自衛権の発動の要件として「武力攻撃の発生」を挙げているのであるが、当時イラクのフセインが米国に「武力攻撃」をかけていないことは自明であった。それではブッシュは、戦争の開始をいかに正当化しようとしたのであろうか。

ブッシュは右の演説で、「われわれは行動を起す。行動しないリスクの方が極めて大きいからだ。すべての自由な国家に危害を加えるイラクの力は、一年、あるいは五年後に何倍にもなるだろう」と指摘した。つまり、今は危害を加える力はないが、「一年、あるいは五年後」には、それが現実のものになるかも知れない、ということなのである(豊下『集団的自衛権とは何か』三六頁)。

このブッシュの論理は明らかに「予防戦争」のそれであり、米国のイラク侵攻は憲章五一条に反した戦争であった、と言う以外にない。さらに、侵攻の最大の口実とされた大量破壊兵器も結局のところは確認されず、当初は熱狂した米国世論も急速に冷め、イラク戦争はまさに「不正義で失敗した戦争」と化したのである。

かくして、「テロとの戦い」で国際社会における求心力を高めてきた米国の威信は決定的に傷つき、これが戦争のもたらした物理的な「負債」と相まって、米国の「相対的衰退」をもたらすことになったのである。さらに、憲章五一条に反したイラク戦争は、集団的自衛権の問題を考える際にも重大な意味を持っている。

なぜなら、日本が米国との関係において集団的自衛権を行使するには、米国が「武力攻撃」を受けて個別的自衛権を発動することが前提となるからであり、「武力攻撃」が発生するはるか以前に「予防戦争」に打って出る米国を支援することは、これまた憲章違反行為に加担することになるのである。

友人が殴りかかった場合

この問題は、そもそも集団的自衛権とは何かを説明する場合にも重要な意味を持ってくる。なぜなら、しばしば分かりやすい例として、Aが友人Bと歩いていたところ、前から来たCがBに殴りかかってきた際にAがBを助けるのが集団的自衛権だ、という喩え話が示される。しかしイラク戦争は全く逆に、友人BがCに殴りかかった場合に、Aはいかなる態度をとるべきか、友人だからという理由でBを助けるのか、あるいは間違ったことを行ったBを糺すのか、という問題を提示しているのである。

ちなみに「報告書」は、集団的自衛権を行使すべき事例であるにもかかわらず、「個別的自衛権で対処できるではないか」といった主張がなされるのに対し、「『我が国に対して武力攻撃が発生した』という事実がないにもかかわらず個別的自衛権の行使として〔安全保障理事会に〕報告すれば、国際連合憲章違反との批判を受けるおそれがある。また、各国が独自に個別的自衛権の『拡張』を主張すれば、国際法に基づかない各国独自の『正義』が横行することになり、これは実質的にも危険な考えである」と批判している。実に皮肉なことに、右の指摘はことごとく、安保法制懇がブッシュのイラク戦争を論じているかの如くであり、誠に的確そのものである。

非戦闘地域と外国軍

ところで「報告書」は、国連ＰＫＯなどにおいて自衛隊の部隊が「他国の部隊」を支援するために「駆け付けて武器使用する」という、いわゆる「駆け付け警護」を認めるべきであると主張しているが、実はこの「駆け付け警護」の問題もイラク戦争と密接にかかわっている。なぜなら議論の発端が、イラクのサマワに派遣された自衛隊がオランダ軍やオーストラリア軍によって守られているにもかかわらず、これらの軍隊が武装勢力や「国家または国家に準ずる組織」によって攻撃を受けても、現在の憲法解釈に縛られて自衛隊は現場に「駆け付け」て彼らを援護することができないではないか、という問題から始まっているからである。

しかし、この議論は端的に言って、幾重にも事実関係を歪曲した結果として生まれてきたものに他ならない。なぜなら、二〇〇三年のイラク特措法国会で自衛隊が派遣されるであろう「非戦闘地域」をめぐって激しい論戦が展開されたが、そもそもこの国会においてもメディアにおいても、「非戦闘地域」が外国軍によって防衛されねばならないような地域であるといった問題は、一度たりとも議論されることはなかったのである。つまり「非戦闘地域」は、「外国軍による防衛」とは全く無縁の地域として認識され、それを前提にイラク特措法（イラクにおける人道復興支援活動及び安全確保支援活動の実施に関する特別措置法）が成立を見たのである。

ところが現実に自衛隊がサマワに赴くと、オランダ軍などが「治安維持」にあたらねばならない地域であることが明らかになった。駐留した二年半の間に、二二発のロケット弾が基地に向けて発射されたが、本格攻撃があれば、イラク特措法の前提からして、自衛隊が撤退すべき状況であった。ところが自衛隊は、本来の任務であるはずの人道復興支援活動を〝独断〟で越えて、二万四〇〇〇人近い米兵の輸送活動さえ行っていたのである。だからこそ二〇〇八年四月に名古屋高等裁判所は、こうした自衛隊の活動を、イラク特措法違反であるばかりではなく憲法九条一項に違反する、との判決を下したのである。

なぜ総括がなされないのか

以上の事態は何を意味しているのであろうか。それは、イラクに赴いた自衛隊が、そこで生じた「外国軍による防衛」という事態に直面したことを奇貨として、「駆け付け警護」が必要で法的整備がなされねばならないと主張する、という問題なのである。つまり米兵輸送まで含め、〝現地〟において根拠法や憲法に抵触し、あるいはそれに反する活動さえ行われながら、その問題が根本的に問い直されることもなく、むしろそれを〝追認〟する方向に政治が動いていくという、深刻きわまりない事態が進行しているのである。

ふり返って、イラク戦争が米国が主導した不正義の戦争であれば、事実上米軍の活動の一翼を担うということは、いわゆるテロリストばかりではなく、イラク現地の人々からすれば、自衛隊が米軍と「一体」と看做されることになるのである。現に、次に述べるように、イラク戦争を総括したオランダはこの戦争を「国際法違反」と断定したが、これを踏まえるならば議論の立て方は全く異なってくるのである。

以上のように問題を整理し直すならば、今日の集団的自衛権をめぐる議論を展開する大前提として、イラク戦争の総括が不可欠であることは明らかであろう。ところが「報告書」は、この核心の問題に一切触れようとしていないのである。それはなぜであろうか。考えられることは、実は安保法制懇の「有識者」の大半が、当時イラク戦争を支持したからである。

今の段階において、イラク戦争を支持したことが誤っているというのであれば、なぜ誤った分析を行ったのか、あるいは支持した立場が正しかったというのであればそれはなぜなのか、然るべき総括がなされるべきであろう。なぜならイラク戦争は、すでに指摘してきたように、二一世紀の国際政治の動向に決定的な影響を及ぼしてきたからであり、従って問題の核心は、その総括なしに、そもそも今日の国際政治や日本外交の方向性を論じることができるのか、ということなのである。

実は、早くも二〇〇四年一〇月には米政府の調査団は、「イラクに大量破壊兵器は存在しなかった」との調査報告書を提出した。また、イラク戦争に「参戦」した英国では二〇〇九年に独立調査委員会が設置され、なぜ戦争に踏み切ったのか、いかなる意思決定がなされたのか、といった重要な課題をめぐって徹底した検証作業が始まり、機密扱いされてきた政府文書が公開され、およそ八〇人にのぼる「当事者」に対する聞き取り調査も行われ、その様子はテレビやインターネットで公開された。さらにオランダでも同様の調査委員会が設けられ、二〇一〇年一月には、「イラク開戦は国際法上の根拠を欠いたものであった」との報告書がまとめられた。

ということは、安保法制懇を構成する「有識者」のメンバーは、これらの調査委員会の作業や報告書をも踏まえるならば、イラク戦争をめぐる自らの立ち位置を総括するための資料は十分に存在する訳であって、それがなされないということは、怠慢と言う以外にないであろう。

機雷封鎖の背景

以上に見てきたように、安保法制懇は国際政治の動向をリアルに分析できない結果として、諸問題の捉え方は必然的に皮相なものにならざるを得ない。例えば「報告書」は事例3として、「我が国が輸入する原油の大部分が通過する重要な海峡等で武力攻撃が発生し、攻撃国が敷設した機雷で海上交通が封鎖されれば、我が国への原油供給の大部分が止まる」という場合を挙げ、事実上、ホルムズ海峡における機雷封鎖への対処の重要性を指摘している。しかしこれも、問題の背景を問わない「軍事オタク」が提起する事例の一つの典型であろう。

そもそも今日のイランの指導部は、いかなる理由で何を目的にホルムズ海峡の機雷封鎖に踏み切るのであろうか。「報告書」では、欧米諸国との「対話」の方向に舵を切ったイランの政権の外交姿勢をめぐる具体的な分析は皆無である。さらに、よりリアルに見れば、仮にイランが機雷封鎖に乗り出すとすれば、それはイスラエルがイランを攻撃した場合である。それでは、核開発疑惑にかかわってイスラエルがイランを攻撃するということは、何を意味するのであろうか。

考えてみれば、NPT(核不拡散条約)に加盟せずに核を保有しているイスラエルが、NPTの枠内にあるイランを核開発疑惑で攻撃するということ自体、本末転倒と言う以外にない。これは、一九八一年のイスラエルによるイラクのオシラク原子炉への空爆を想起させるが、当時の安保理は、この空爆を明確な「武力不行使原則」の違反と非難したばかりではなく、イスラエルこそNPTに直ちに加盟すべきとの決議を行ったのである(豊下『集団的自衛権とは何か』第六章三節)。

つまり、イランによるホルムズ海峡の機雷封鎖という事例は、長く安保理決議を無視してきたイスラエルが「武力不行使原則」に違反してイランを攻撃するという事態が発生することが大前提にあるのであって、この場合、イランは「攻撃国」ではなく「被攻撃国」なのである。かくして現実には、「報告書」の構図とは全く逆に、こうしたイスラエルのイラン攻撃にいかに対応するのか、という問題に直面することになるのである。もっとも、イラク戦争の総括もなし得ない「報告書」に、こうした歴史的経緯に基づいた問題の評価を期待する方が無理なのであろう。

ところで、「はしがき」で触れたが、安倍首相は集団的自衛権の行使にあたって、領土・領海など他国の領域に入らないと言明している。しかし、きわめて狭いホルムズ海峡はイランかオマーンの領海によって占められ、公海は存在しないのである。それでは、いかにして機雷の除去を行うのであろうか。仮に、オマーンの同意を得て領海に入るとすれば、当事国の了解や要請があれば、他国の領土であっても際限なく入って活動できるということになる。つまり、ホルムズ海峡の機雷掃海問題は、「限定」がほぼ意味をなさないことを明瞭に示しているのである。

なお、湾岸戦争が終了した後の一九九一年六月から行われたペルシャ湾での海上自衛隊による機雷除去作業は、関係三ヶ国の合意を得てそれぞれの領海内で実施されたが、安倍首相が目指す戦闘中の機雷除去は、そもそも機雷の敷設や除去自体が「武力行使と解される」(横畠裕介・内閣法制局長官)ため、間違いなく戦争を意味するのである。

4 「隙間」としての「必要最小限度」論

最高裁判決を否定してきた自民党

「報告書」は、集団的自衛権に関する従来の政府解釈をめぐり、「『必要最小限度』の中に個別的自衛権は含まれるが集団的自衛権は含まれないとしてきた政府の憲法解釈は、『必要最小限度』について抽象的な法理だけで形式的に線を引こうとした点で適当ではない」と指摘し、「『必要最小限度』の中に集団的自衛権の行使も含まれると解釈して、集団的自衛権の行使を認めるべきである」と結論づけた。

しかし、この結論に至る論理を辿ると、それは根本的な矛盾を孕んだものに他ならない。まず「報告書」は、一九五九年一二月の最高裁判所による砂川判決が「我が国が、自国の平和と安全を維持しその存立を全うするために必要な自衛のための措置をとりうることは、国家固有の権能の行使として当然のことといわなければならない」との判断を表明したことに着目し、それが「我が国が持つ固有の自衛権について集団的自衛権と個別的自衛権とを区別して論じておらず、したがって集団的自衛権の行使を禁じていない点にも留意すべきである」と強調する。

しかし「報告書」自身が認めているように、翌六〇年に岸信介首相は「自国と密接な関係にある他の国が侵略された場合に、これを自国が侵略されたと同じような立場から、その侵略されておる他国にまで出かけて行ってこれを防衛するということが、集団的自衛権の中心的な問題になると思います。そういうものは、日本国憲法においてそういうことができないことはこれは当然」と国会で明確に答弁しているのである。とすれば、仮に最高裁の砂川判決が自衛権のなかに集団的自衛権をも含ませていたのであれば、その直後に岸政権は司法の判断に反する認識を打ちだした、ということになる。

問題は岸政権に止まらない。次に述べるように、一九六〇年から何十年にわたって政権を担ってきた歴代の自民党政権は、一貫して集団的自衛権は憲法に違反するとの態度を表明してきた訳であり、「報告書」の認識に従えば、政権政党が長期にわたって司法の最高レベルの判断(砂川判決)を無視し続けてきた、という結論に至らざるを得ない。とすれば、安倍首相や高村正彦副総裁をはじめ今日の自民党の指導部は、なぜこういう事態が生じたのか根本的に問題を総括し、そのうえで、国民に向かって集団的自衛権の容認を訴えるべきであり、それがなされないならば、無責任のそしりを免れないであろう。

現に「報告書」は、一九七二年一〇月の「政府資料」も一九八一年五月の「政府答弁書」も、「集団的自衛権の行使が憲法上許されない」との見解を示していることを確認したうえで、「集団的自衛権の行使は憲法上一切許されないという政府の憲法解釈は、今日に至るまで変更されていない」との認識を明らかにしているのである。

論理の大胆な飛躍

しかし「報告書」はここから、国家と憲法との関係や情勢論、政策論に一挙に議論を飛躍させる。曰く、「国家の使命の最大のものは、国民の安全を守ることである」「ある時点の特定の状況の下で示された憲法論が固定化され、安全保障環境の大きな変化にもかかわらず、その憲法論の下で安全保障政策が硬直化するようでは、憲法論のゆえに国民の安全が害されることになりかねない。それは主権者たる国民を守るために国民自身が憲法を制定するという立憲主義の根幹に対する背理である」と。

さらには、「どうして我が国の国家及び国民の安全を守るために必要最小限の自衛権の行使は個別的自衛権の行使に限られるのか、逆に言えばなぜ個別的自衛権だけで我が国の国家及び国民の安全を確保できるのかという死活的に重要な論点についての論証は……ほとんどなされてこなかった」と。かくして、集団的自衛権の行使を可能とすることは、「抑止力を高めることによって紛争の可能性を未然に減らすものである。また、仮に一国が個別的自衛権だけで安全を守ろうとすれば、巨大な軍事力を持たざるを得ず、大規模な軍拡競争を招来する可能性がある。したがって、集団的自衛権は全体として軍備のレベルを低く抑えることを可能とするものである」との主張が展開される。こうして、先に見たように、「必要最小限度」の集団的自衛権の行使が認められるべき、との結論に至るのである。

ちなみに、集団的自衛権を行使しないならば「巨大な軍事力を持たざるを得ず、大規模な軍拡競争を招来する可能性がある」とか、「集団的自衛権は全体として軍備のレベルを低く抑えることを可能とする」といった主張が、いかに具体的な検証もない根拠を欠いたものであるかという問題については、後の章で詳しく検討するが、さしあたり、次の重要な問題を指摘しておきたい。

それは、木下昌彦・神戸大学准教授が指摘するように、日本の場合、憲法九条を前提に自衛隊が保持しうる装備は「自衛のための必要最小限の実力」に限られ、大陸間弾道弾や長距離戦略爆撃機などの攻撃型兵器については、「いかなる場合においてもその保有は許されない」との立場を歴代政権は堅持してきたのである。さらに、そもそもこの「攻撃的兵器不保持」の原則は、集団的自衛権を行使しないという原則と表裏一体の関係にあるのである。

ところが、自国防衛だけであれば攻撃的兵器が不要としても、集団的自衛権不行使の原則が崩れると、それは「遠方の同盟国」や集団的自衛権の「要請国」の期待に応えるためには攻撃的兵器が必要となる、という論理が容易に展開されることになるのである。つまり、集団的自衛権の行使に踏み切ることは、憲法九条を前提として築かれてきた諸原則との抵触を一挙に生みだすことなるのである(『朝日新聞』二〇一四年五月一五日)。

なぜ「必要最大限度」でないのか

さて改めて、「報告書」の右の議論の核心は言うまでもなく、国家の安全保障と憲法および憲法解釈との関係にある。しかしこの点で、「報告書」は根本的な矛盾に逢着する。なぜなら、国家の安全が真に脅かされている場合、なぜ集団的自衛権の行使は「必要最小限度」に限定されねばならないのであろうか。「必要最小限度」にこだわることは、それこそ従来の憲法解釈に縛られているのではなかろうか。国家存亡の危機にあれば、「必要最大限度」まで行使が求められるのが必然ではないのか。要するに、「報告書」がこうした自己矛盾に陥るのは、憲法原則を離れて一たび「国家の安全」や「安全保障環境の変化」などといったロジックを駆使することになれば、その論理は際限なく広がらざるを得ないのである。

だからこそ「報告書」は、湾岸戦争やイラク戦争を念頭におきつつ、「国連PKO等や集団安全保障措置への参加といった国際法上合法的な活動への憲法上の制約はないと解すべきである」「国連の集団安全保障措置は、我が国が当事国である国際紛争を解決する手段としての武力の行使に当たらず、憲法上の制約はないと解釈すべきである」と、「憲法上の制約」に縛られないことを強調するのである。なぜなら、憲法九条一項の「武力による威嚇又は武力の行使は、国際紛争を解決する手段としては、永久にこれを放棄する」という規定は、「我が国が当事国である国際紛争の解決のために武力による威嚇又は武力の行使を行うことを禁止したものと解すべき」だからなのである。

　こうした解釈や主張を検討する大前提として、「報告書」がイラク戦争の総括を全く行っていない問題はすでに取りあげたが、後で改めて触れるように、冷戦後の国際紛争に対処するにあたって決定的な意味をもつ湾岸戦争の総括それ自体も一切なされていない、ということなのである。そもそも湾岸戦争の総括なしに、なぜ国連の集団安全保障について論じることができるのであろうか。

　ところで、冒頭で触れた五月一五日の記者会見において安倍首相は「報告書」の右の主張について、「しかし、これは、これまでの政府解釈とは論理的に整合しない。私は憲法がこうした活動のすべてを許しているとは考えません」「自衛隊が武力行使を目的として湾岸戦争やイラク戦争での戦闘に参加するようなことは、これからも決してありません」と強調した。その一方で、「限定的に集団的自衛権を行使することは許される」との「報告書」の考え方については、研究を進めていきたいと述べて、事実上、「必要最小限度の集団的自衛権の行使」に向けて閣議決定を行っていく決意を表明したのである。

　まず指摘されるべきは、「湾岸戦争やイラク戦争での戦闘に参加しない」との発言については、記者会見からわずか二日後に石破幹事長が、「次の内閣が必要と思えば、自衛隊派遣に憲法の制約はなく、日本は多国籍軍に派遣できる」と述べて、問題が憲法論ではなく「政策判断」にあることを明確にしたことである。

この石破発言は、実に正鵠を得たものである。なぜなら、二〇〇三年にイラク戦争が開始された当時小泉純一郎首相は、「北朝鮮の攻撃から日本を守ってくれるのは米国しかいない、だから米国を支持する」という論理でイラク戦争を支持し、ジャパン・ハンドラーの「ブーツ・オン・ザ・グラウンド」という圧力をも背景に、自衛隊をイラクに派遣することになったのである。とすれば、今後米国が同様の戦争に踏み出し、日本が集団的自衛権の行使を憲法上も可能としていた場合に、「日米同盟の信頼」という大前提からして、それを行使しないという選択肢はあり得ない、ということになるのである。

「ひっくり返した解釈」

次いで、記者会見における安倍首相の発言で検討すべき重要な問題は、湾岸戦争やイラク戦争に参加することは「これまでの政府解釈とは論理的に整合しない」との主張を行ったことである。なぜなら、そもそも集団的自衛権を「必要最小限度において行使できる」という安倍の主張自体が、実は「これまでの政府解釈とは論理的に整合しない」からなのである。

すでに「報告書」も指摘したように、一九七二年一〇月に出された田中角栄内閣の政府見解としての「資料」では、憲法の下で武力行使が許されるのは「我が国への急迫、不正の侵害の場合」に限られるのであって、「したがって、他国に加えられた武力攻撃を阻止することをその内容とするいわゆる集団的自衛権の行使は、憲法上許されない」と明確な論理が展開された。

ところが、新冷戦が始まった時期の八一年五月、鈴木善幸内閣は野党議員の質問書への「答弁書」において、「憲法九条の下において許容されている自衛権の行使は、わが国を防衛するため必要最小限度にとどまるべきものと解しており、集団的自衛権を行使することは、その範囲を超えるものであって、憲法上許されない」との見解を示したのである。一見すると七二年の「政府見解」と似ているようであるが、五年後の八六年三月、公明党の二見伸明議員は衆議院予算委員会において、この八一年「答弁書」の論理の問題性を鋭く問うた。

つまり、「今後、必要最小限度の範囲内であれば集団的自衛権の行使も可能だというような、そうしたひっくり返した解釈は将来できるのかどうかですね。必要最小限度であろうとなかろうと集団的自衛権の行使は全くできないんだという明確なものか、必要最小限度の範囲内であれば行使も可能だという解釈も成り立ってしまうのかどうか」と。この的確な指摘を受けて茂串俊内閣法制局長官は、「必要最小限度の範囲」とは個別的自衛権にかかるものであり、「他国に加えられた武力攻撃を実力で阻止する」という集団的自衛権の行使は「憲法上許されない」というのが一貫した立場であることを再確認したのである。つまり、「必要最小限度」とはあくまで個別的自衛権にかかわる概念であり、「集団的自衛権の行使は全くできない」というのが政府解釈の根幹なのである（豊下『集団的自衛権とは何か』序章）。

「論理的に整合せず」

ところが二〇〇四年一月、当時は自民党幹事長であった安倍は衆議院予算委員会で、あたかも右の議論を無視したかのごとく、「必要最小限度の範囲の中に入る集団的自衛権の行使というものが考えられるかどうか」と問うたのである。なぜなら安倍は、「必要最小限を超える」という考えは「量的な制限なわけで、絶対的な『不可』ではない。少しの隙間があるという議論もある」との〝持論〟を持っていたからである。

しかし、この安倍の主張に対し秋山収内閣法制局長官は、問題は「必要最小限度の範囲」といった「数量的な概念」にあるのではなく、集団的自衛権は「わが国に対する武力攻撃の発生という自衛権行使の第一要件を満たしていない」からこそ憲法上行使が許されないのだと、明確に安倍の議論を否定したのである。

まさに、これこそが政府解釈の核心であって、いかに安倍が「隙間」を狙って「必要最小限度」の集団的自衛権の行使を主張しても、それは「これまでの政府解釈とは論理的に整合しない」のである。

九六条改正論

ただいずれにせよ、国家の根本的なあり方にかかわる問題が、「隙間」のレベルで展開されていくということは、集団的自衛権をめぐる議論の問題性を象徴しているようである。かくして、以上の分析から明らかなことは、集団的自衛権を行使するためには、こそこそとした「隙間」狙いではなく正面からの憲法改正がなされるべきである、ということなのである。

もちろん、憲法改正については、情勢が緊迫しているときに、そうした手続きを踏んでいく時間的な余裕はない、との主張がなされる。しかし、第二次安倍政権が発足してから強く主張された憲法九六条改正論に「解決」の糸口が求められるであろう。周知のように憲法九六条は、両議院の総議員の三分の二以上の賛成があれば憲法改正を発議でき、国民投票の過半数で改正が成り立つと謳っている。この「三分の二以上」という規定がハードルとして高すぎるので、過半数の賛成など条件を下げるべきであるというのが九六条改正論である。

ただ、いずれにせよ明確なことは、「九六条を改正するためは、まずもって九六条の規定に従わねばならない」ということなのである。つまり、発議のためには両議院の三分の二以上の賛成が必要なのである。とすれば、九六条改正を主張した勢力は、彼らの議論が世論の支持を得て両議院の三分の二を越えるであろう、また越えねばならない、との信念で運動を起こしたはずなのである。要するに、九六条改正論の核心は「やればできる」ということであり、問題はひとえに説得力なのである。

とすれば安保法制懇も安倍首相も、イラク戦争や湾岸戦争の総括を真摯に行い、「安全保障環境の悪化」とは何かを明らかにするために内外情勢を正面から具体的かつリアルに分析し、さらには、以下の章で述べていくように、歴史認識問題や北朝鮮のミサイル問題、あるいは尖閣問題などを改めて掘り下げて分析し、いわば「出直し」を行って、その上で集団的自衛権の行使と憲法改正の緊要性を訴えるならば、間違いなく世論の支持を得ることができるであろう。まさに問題は、「やればできる」のである。

5　集団的自衛権と安保条約

改定の必要性

集団的自衛権の問題は憲法とのかかわりだけではなく、実は日米安保条約との関係においても、重要な問題を惹起させる。まず安保条約第五条は、「日本国の施政の下にある領域における、いずれか一方に対する武力攻撃が、自国の平和及び安全を危うくするものであることを認め、自国の憲法上の規定及び手続きに従って共通の危険に対処するように行動することを宣言する」と規定している。

つまり安保条約は、日本の「施政下にある領域」に対する武力攻撃を対象とし、日米の「共同対処」を定めたもので、日本の「領域外」における集団的自衛権の行使を前提としていないのである。従って、安保条約に沿って日本が集団的自衛権を行使するためには、第五条の規定を変えなければならない、という問題が生じてくるのである。

さらに重要な問題は、第六条である。安保条約第六条は、「極東における国際の平和及び安全の維持に寄与するため」に、米国の陸軍・空軍・海軍が日本の「施設及び区域」を使用できることを定めたものである。そして、この使用条件を規定しているのが日米地位協定なのである。

実はこの「極東条項」は、一九五一年九月に締結された旧安保条約の第一条に規定されていたもので、国連決議に基づいた朝鮮戦争とは別に、「将来の極東での軍事作戦における、米国によるありうべき一方的行動」のために、米軍が日本の基地を自由使用できることを定めたものであった。つまり、日本の基地を利用して、国連の枠組みの外で米軍が「一方的行動」をとる自由を保障したものであり、しかも米統合参謀本部によれば「極東」とは、中国本土やソ連、オーストラリアやニュージーランドなども含まれるように、決して「特定の地域」を意味するものではなかった(豊下『安保条約の成立』岩波新書、一九九六年、第三章三節)。

「片務条約」としての安保条約

一九五一年一月末、米大統領特使として日本との講和条約および安保条約をまとめるために来日したダレスは、吉田茂や外務省との交渉を前にして、「望むだけの軍隊を、望む場所に、望む期間だけ駐留させる権利」を獲得することを、最重要目標として設定した。つまり、占領期と同じく、米軍による日本の全土基地化と自由使用の権利を、日本を独立させて以降も維持し続けることがダレスにとって絶対条件であり、それを具体化したのが「極東条項」であった。だからこそ、こうした「占領条項」を受け入れてしまったことについて、交渉にあたった西村熊雄・外務省条約局長は、「十分考慮をめぐらさないで簡単に総理(吉田首相)にOKしかるべしと意見を申し上げた。汗顔の至りである」と述懐することになったのである(豊下『安保条約の成立』第二、三章)。

つまり旧安保条約は、この「極東条項」に加え、日本には米軍に基地提供の義務があるが、米国には日本防衛の義務はないという、文字通りの不平等条約であり「片務条約」であった。だからこそ吉田首相は、サンフランシスコ講和会議に全権代表として参加することを拒否し、病床にあった幣原喜重郎や参議院議長を〝代役〟に推すなど、何ヶ月にもわたって「固辞」を貫いたのである。吉田が最終的に固辞を撤回したのは、サンフランシスコへの出立を翌月に控えた七月一九日に昭和天皇に拝謁した直後のことであった(豊下『安保条約の成立』第七章三節)。

旧安保条約の内実と以上の経緯からも明らかなように、憲法が「押しつけ」であるならば、安保条約もまさに「押しつけ」そのものであった。だからこそ、「自主外交」を標榜して一九五四年末に成立した第一次鳩山一郎政権以来、政権与党からも、「片務条約」としての安保条約の改定を求める動きが強まった。

集団的自衛権の〝棚上げ〟

一九五五年八月に訪米してダレス国務長官と会談した重光葵外相は、当時米国の支配下にあった沖縄・小笠原、あるいはグアムが攻撃を受けた場合に日本が米国を支援するために集団的自衛権を行使する用意がある、との提案を行った。重光の提案の背景には、日本が集団的自衛権を行使することの代わりに「米軍撤退」を求める、という狙いがあった。しかしダレスは、現憲法下で日本が集団的自衛権を行使することは不可能であろうと、重光提案を一蹴したのである(豊下『集団的自衛権とは何か』第二章二節)。

つまりダレスは、安保条約の改定に応じる大前提は、日本が憲法を改正して集団的自衛権を行使できるようになることであると、釘を刺したのである。しかし、日本国内では、米軍の基地拡張に対する反対運動が激化し、不平等条約としての安保条約の改定や破棄を求める世論が広範に高まっていった。こうした情勢を機敏に把握したのがマッカーサー駐日米大使(マッカーサー最高司令官の甥)であって、彼はダレスに対し、米国にとって日本の「真の価値」は米軍による全土基地化・自由使用にあるのであって、このまま「片務条約」を続けていくならば日本は「中立主義や非同盟主義」に向かっていくであろうと警告を発したのである。

こうしてマッカーサーは、ダレスが求める憲法改正と集団的自衛権の行使という前提条件を「宿題」として〝棚上げ〟することを主張し、日本有事の際の「日米共同対処」(現行安保条約の第五条)という方向で旧安保条約を改定し、不平等性を改善するべきことを提起したのである。かくして、一九六〇年の安保改定はほぼ、このマッカーサー提案に沿って進められることになったのである。つまり、この限りにおいて、旧安保条約の「片務性」は是正されたのである。

発動されぬ「事前協議制」

問題のありかを改めて整理しておくならば、マッカーサーが集団的自衛権という課題の〝棚上げ〟を主張した決定的な理由は、米軍による「一方的行動」を可能とする全土基地化と自由使用を保障した、旧安保条約以来の「極東条項」を死守することにあった、ということである。そして、「占領条項」としての「極東条項」の核心は、行政協定をほぼそのまま引き継いだ日米地位協定に具体化された。だからこそ、六〇年安保国会では、「極東条項」によって日本が米国の戦争に巻き込まれるのではないかという問題が論戦の焦点となり、そこから米軍の行動を日本が一定程度チェックできる制度的枠組みとして「事前協議制」が設けられることになった。しかし、今日に至るまで一度たりとも「事前協議制」が発動されたことがないということは、安倍首相や「報告書」が強調する日本の「自主性」というものが、いかに根拠を欠いたものであるかを明瞭に示している。

ちなみに、安保国会で議論された「巻き込まれ」論は、その後の東アジアの情勢展開によって、杞憂でないことが明らかとなった。なぜなら、一九六五年から本格的に開始されたベトナム戦争において、沖縄や本土の米軍基地は最前線基地と化したが、韓国は集団的自衛権の行使を迫られ、一時は五万人にも達する韓国軍がベトナムに送り込まれたのである。仮に日本が、この段階で集団的自衛権の行使に踏み込んでいたならば、韓国と同様に「ベトナム派兵」が行われていたであろう。

新たな「片務性」の問題

さて、以上のように安保条約の歴史的な展開を見てくるならば、旧安保条約の「片務性」が是正された現行安保条約において、集団的自衛権の〝棚上げ〟と「極東条項」の堅持が、いわば

〝対〟の関係にあることが明らかであろう。とすれば、仮に今後、日本が集団的自衛権の行使に踏み出すのであれば、当然のことながら、「極東条項」を規定した安保条約第六条の改定や撤廃が提起されねばならない。なかでも焦点は、全土基地化・自由使用という「占領条項」を具現化した日米地位協定にある。

ところが安倍首相や「報告書」は、この核心的な問題に全く立ち入ろうとしない。集団的自衛権の行使を主張するのであれば、それと同時に、安保条約第六条、あるいは少なくとも日米地位協定の抜本的な改定が提起されねばならないはずなのである。そうでなければ、日本は集団的自衛権を行使するが「占領条項」はそのまま堅持されるという、新たな「片務性」が生みだされることになるのである。

例えば、沖縄の現状とともに「占領条項」を象徴するのが、「横田空域」の存在である。一都八県におよぶ首都圏の広大な空域が今なお米軍横田基地の管制下にあり、ANAやJALといった日本の飛行機が自由に飛ぶことができないのである。およそ世界の独立主権国家のなかで、首都圏の空を自国の飛行機が自由に飛べない国など、どこにあるのであろうか(豊下『「尖閣問題」とは何か』九〇～九二頁)。

安倍首相が集団的自衛権の行使に踏みきって米国との「対等」を目指し、日本国家と日本人としての「誇り」を取り戻したいと言うのであれば、「占領条項」の撤廃は必須の課題であろう。

第二章　「歴史問題」と集団的自衛権

1　領土紛争と戦略性の欠如

韓国の戦略的位置

安倍首相や安保法制懇の「報告書」をはじめ政権の周辺からは、国家安全保障戦略とか戦略的アプローチとか戦略外交とか、「戦略」という概念や言葉が頻出する。しかし本章で検討するように、客観情勢のリアルな分析に基づいた「戦略性」は不在と言わざるを得ない。

そもそも、過去半世紀近く日本外交が直面してきた最も深刻な課題とは何であったろうか。それは言うまでもなく、北方領土、竹島、尖閣と三つの領土紛争を同時に抱え込んできたところにある。つまり、ロシア、韓国、中国という三ヶ国を、潜在的であれ同時に「敵」に回してきた訳なのである。

しかし、安倍首相が強調するように日本をめぐる安全保障環境が悪化しつつある時、三方面で同時並行的に「敵」と対峙している余裕など一切ないはずである。たしかに北方領土問題では、プーチン大統領と安倍首相との「信頼関係」を基盤として交渉が進められているが、政府・外務省が四島一括返還や四島の「帰属確認」の立場に固執し続けるならば、現実としては、いかなる展望も開けず「領土紛争」は続くことになろう。

さらに、戦略的に考えて何より重要な問題は竹島問題である。なぜなら、仮に中国や北朝鮮が日本にとって最大の脅威であるならば、日米同盟と共に、地政学的に言って最も重要な位置を占めているのが韓国に他ならないからである。言うまでもなく韓国は日本と同じく米国の同盟国であり、大統領制と議院内閣制の違いがあるとはいえ、両国は基本的に自由と民主主義の制度と価値観を共有しあっている。とすれば、中国や北朝鮮の脅威に対抗するためには、日韓の結束、日米韓の強固な提携関係の確立は至上の課題であろう。

「竹島問題」の性格

ところが安倍政権は本年(二〇一四年)一月に、中学と高校向けの学習指導要領の解説書を改訂し、竹島について「日本固有の領土」「韓国が不法占拠」などと、教科書に初めて明記することを決定した。約一〇年ごとに改定される解説書を、二年も早めて「前倒し」する異例の事態で、

「竹島問題」をあえてクローズアップさせる方向に踏み出したのである。

ちなみに、「固有の領土」という言葉が改めて明記されたことで、学校現場では大いなる混乱が予想されるのである。なぜなら「固有の領土」とは、そもそも国際法上の概念では全くなく、「北方領土」という言葉を正当化するために日本政府がつくりだした「日本に固有の概念」であるため、学校の先生方には教えることが不可能だからである。例えば、尖閣諸島を含む沖縄が、いつから日本の「固有の領土」になったのか、教科書に責任をもつ文科省の官僚であっても、誰一人答えることはできないであろう(「固有の領土」については、豊下『「尖閣問題」とは何か』第四章四節参照)。

ところで、たしかに竹島は一九五一年九月に調印されたサンフランシスコ講和条約の第二条(a)項において日本が放棄する島々から外されたため、日本の領土として認められた。ところが翌五二年一月に韓国の李承晩大統領は、海洋主権宣言を発して「李ライン」を設定し、竹島を韓国の側に組み入れる措置をとり、今日に至っているのである。ところでこの「李ライン」は、一九四六年六月にマッカーサー最高司令官によって設定され、竹島周辺への日本漁船の立ち入りを禁止した、いわゆるマッカーサー・ラインにほぼ沿ったものであった。

マッカーサーが竹島を「日本の範囲から除かれる地域」に指定した背景には、同島をめぐる複雑な歴史的経緯がある。なぜなら、一九〇五年一月に日本が閣議決定で竹島領有を決定したのであったが、そのわずか五ヶ月前の一九〇四年八月の第一次日韓協約によって韓国は外交権の制約を課され、保護国化への第一歩が踏み出されていたからである。

かくして「竹島問題」は、韓国では「植民地問題」として認識され、韓国民にとって竹島は「民族の象徴」であり、従って韓国の政権にとっては、内部矛盾を外にそらす格好の対象であるとともに、一つ誤れば政権の死命を制しかねない重要問題なのである。とすれば、六〇年以上も韓国による実効支配が続き、米国の地名委員会でさえ韓国領と表示する竹島について、日本政府がその帰属問題を前面に出せば韓国側から激しい反発が引き起こされ、米国が何より期待する日韓提携が阻害されることは自明の問題であろう(竹島問題については、豊下『「尖閣問題」とは何か』第四章二節参照)。

ノーベル平和賞

そもそも戦略性とは、単純化すれば、直面する諸課題をその重要性に従って区分けすることである。具体的には、最も重要な課題に外交的、政治的資源を集中させるために、副次的な課題については柔軟に現実的に対応する、ということである。とすれば、中国や北朝鮮の深刻な脅威に対処する上で、竹島問題はいかなる重要性を持つものか、それこそ戦略的に判断されねばならない。

例えば、米国のシンクタンク「大西洋評議会」の研究員が英紙『フィナンシャル・タイムズ』への寄稿論文で、安倍政権が竹島問題で韓国の立場を「認める」という大胆な方向に踏み出せば、日韓関係は劇的に改善され、安倍首相はノーベル平和賞の候補になるであろうと主張した(二〇一三年六月三日)。重要なことは、この評議会が、ヘーゲル国防長官が会長を務めていたように、オバマ政権に近い存在である、ということなのである。あるいはまた、『日経新聞』も竹島問題について、「島そのものにさほどの価値はない」のであり、日韓両国にとっては漁場の確保こそが問題である以上、この「漁業紛争という原点に戻れば歩み寄れるはずだ」と指摘した(二〇一四年三月九日)。つまり竹島問題は、日韓の対立局面を緩和していける現実的な対処の方向が様々に存在するのである。

ところが、安倍政権の竹島問題や歴史問題での〝強腰路線〟を受けて、第一章で指摘したように、韓国は韓米同盟を堅持しつつも中国に接近し、かつてない〝中韓蜜月〟が生みだされているのである。この韓国の「親米和中」路線は、中国を脅威とは看做さず、逆に日本への警戒感を前提とするものであり、こうした韓国外交の立ち位置は、戦後の北東アジアをめぐる国際政治の構図において、重大な地殻変動が画されつつあることを明瞭に示しているのである。

2 「東京裁判史観」からの脱却

「戦後レジームからの脱却」とは

国家が対外的な危機に対処するにあたり、「最大限味方を多くし最小限敵を少なくする」ことは戦略論のイロハである。それでは、中国という「強大な敵」に立ち向かおうとする時に、なぜ敢えて韓国を中国に〝追いやる〟ような路線が推し進められるのであろうか。なぜ、国際政治のイロハが理解されないのであろうか。つまるところ、この驚くべき戦略性の不在がどこから来ているかと言えば、それは安倍首相や彼の支持基盤の歴史認識の問題から生み出されている、と言わざるを得ない。

周知のように安倍は二〇〇六年の第一次政権の発足にあたり、「戦後レジームからの脱却」を掲げた。このスローガンには、実は二つの含意がある。第一に、「押しつけ憲法」からの脱却であり、言うまでもなくその核心は憲法九条にある。さらに、より具体的に当面安倍がめざすものは、九条を前提とした「吉田ドクトリン」からの脱却である。

「吉田ドクトリン」とは一般的には、旧安保条約の締結の前後から吉田茂首相が採ったとされる「軽武装・経済重視」の路線を意味し、軍事や外交は米国に委ね日本は経済成長に徹することで高度成長がもたらされ戦後日本の「成功」が達成された、と評されるものである。安倍は、この「吉田ドクトリン」こそが戦後の日本を弱体化させたものであると痛烈に批判し、日本も集団的自衛権をはじめ積極的に軍事的役割を担わねばならないと主張する。

「戦後レジームからの脱却」の含意として第二に挙げられるのが、「東京裁判史観」からの脱却なのである。「東京裁判史観」とは自虐史観とも称され、要するに東京裁判で示された、日本の戦争をすべて「悪」として否定する歴史観であり、安倍はこの史観によって戦後の日本が支配されマインドコントロールされてきたと厳しく批判する。ちなみに、作家の百田尚樹が安倍との対談で、「戦後レジームからの脱却」を国民に分かりやすく伝えるためには「自虐史観からの脱却」に絞るべきであると述べている点は、まさに正鵠を得ているのである。これに対して安倍も、「占領軍が作った歴史から解放されるべきであった」と応えている(安倍晋三・百田尚樹『日本よ、世界の真ん中で咲き誇れ』ワック、二〇一三年)。

安倍がかねてより主張してきた、「村山談話」や「河野談話」の見直し、「侵略の定義」の後世の歴史家への〝委託〟、さらには靖国神社への参拝などは、ことごとく「東京裁判史観」からの脱却という課題の具体化なのである。

しかも、第一次政権の場合とは異なり、こうした「東京裁判史観」からの脱却という路線には、広範な支持基盤が形成されている。それは例えば、超党派の議員二〇〇名以上を擁して組織された創生「日本」であり、安倍自身が会長を務め、廃憲を唱える平沼赳夫が最高顧問に就いている。さらには、いわゆる「ネトウヨ」と称される若い世代の支持層があり、「日本の侵略戦争の否定」を叫ぶ元幕僚長の田母神俊雄や百田尚樹などが彼らを鼓舞する役割を担っている。

〝後ろ向き〟のナショナリズム

その際に彼らを突き動かす歴史認識と「論理」は、典型的には日本の侵略をめぐり、欧米諸国も侵略や植民地支配を行っていたではないか、なぜ日本だけが非難されねばならないのか、日本の名誉が不当に損なわれている、という主張に明瞭に示されている。このような議論は喩えて言えば、「たしかに自分は強盗をしたが、他の連中も強盗をしているのだ、いや、自分はまだましな強盗だった、そこに誇りを持とう」ということであろう。こうしたナショナリズムを、さしあたり〝ましな強盗〟ナショナリズムとでも呼んでおこう。もちろん、強盗したこと自体を否定し、相手側が混乱していたから入り込んだにすぎない、という主張もなされる。この場合は〝火事場泥棒〟ナショナリズムとでも呼ぶべきであろうか。

それでは、こうした〝後ろ向き〟のナショナリズムに支えられて「戦後レジームからの脱却」を果たした暁には、いかなるレジームが登場するのであろうか。実は安倍は二〇〇四年の著作で、

「軍事同盟というのは〝血の同盟〟です。日本がもし外敵から攻撃を受ければ、アメリカの若者が血を流します。しかし今の憲法解釈のもとでは、日本の自衛隊は、少なくともアメリカが攻撃されたときに血を流すことはないわけです」と述べ、これで「完全なイコールパートナーと言えるでしょうか」と強調した(安倍晋三・岡崎久彦『この国を守る決意』扶桑社、二〇〇四年)。

在日米軍で日本防衛の任務についている部隊は一つもないという現実は別として、この安倍の主張は典型的な日本の「安保タダ乗り」論に立つものである。こうした「タダ乗り」論は、安保体制が「沖縄タダ乗り」によって支えられてきたという歴史的経緯を完全に無視した誤った議論であるが、いずれにせよ、そもそも日本が集団的自衛権を行使して米国と対等になれるのであろうか。こうした認識は全くの幻想にすぎない。二〇〇三年のイラク戦争に際して米国に「発言権」を持つために「参戦」をした英国の例を見ても、また、ベトナム戦争で集団的自衛権を行使して「参戦」した韓国の例を見ても、答えは明瞭であろう。

あるべき国家体制と集団的自衛権

とはいえ、安倍の議論で最も重要な問題は、日本の青年も「血を流すべき」である、という主張である。要するに、国を愛し国を誇りに思い大義のために「血を流す」ことができる、そういう覚悟をもった青年と国民によって支えられた国家こそが、安倍にとって理想の国家なのである。

従って、実は安倍首相にとって集団的自衛権の問題は、このありうべき国家体制の形成への道筋の中に位置づけられているのである。これは具体的には、「安全保障国家」の樹立を意味するのであり、自民党が作成した国家安全保障基本法は、こうした国家がいかなるものか、鮮明に示している。

そこでは例えば、教育さえ安全保障の対象と明記され(第三条)、「国の安全保障施策に協力」することが「国民の責務」と規定されている(第四条)。つまり、安倍の言葉に従うなら、教育とは国家のために「血を流す」ことができる青年を育てることが目的であり、それを国民が支える体制をつくるためには、愛国心の発揚、日の丸・君が代の徹底、教科書はもちろんのことＮＨＫをはじめとしたメディアからの自虐史観の排除、などが重要課題となる。なぜなら、戦後の国家がその名に値しないのは、東京裁判史観によってマインドコントロールされてきたからである。安倍首相の側近中の側近である下村博文文科相が、教育勅語の「よく忠に励みよく孝を尽くし」「万一危急の大事が起こったならば、大義に基づいて勇気を奮い一身を捧げ」といった「徳目」について「至極真っ当。今でも十分通用する」(二〇一四年四月二五日、衆議院文部科学委員会)といった認識を示すのも、頷けるというものである。

合祀問題の本質

このように見てくるならば、「戦後レジームからの脱却」が戦後秩序への挑戦という意味づけを有していることが明らかであろう。安倍をはじめ「盟友たち」が何よりもこだわる靖国参拝は、問題のありかを象徴している。一九七八年、靖国神社の宮司であった松平永芳は、「国際法的に認められない東京裁判を否定しなければ日本の精神復興はできない」との信念に基づいて、A級戦犯の合祀に踏み切った。つまり合祀問題の本質は、東京裁判の否定にあるのである。

たしかに東京裁判は、昭和天皇がマッカーサーに「謝意」を表したように、昭和天皇の免罪を軸とした両者合作の「政治裁判」という意味合いを持っていた。だからこそ昭和天皇は、松平宮司を痛烈に非難し、二度と靖国を参拝することはなかったのである(豊下『昭和天皇・マッカーサー会見』岩波現代文庫、二〇〇八年、第四章)。さらに言えば、東京裁判の政治性の問題は、第一次大戦を終結させたベルサイユ条約の二二七条にまで遡る。同条では、遡及法をもってドイツのヴィルヘルム二世を裁く国際法廷の設置が定められ、実は日本も裁判官を務めることが規定されていたのである。とすれば、東京裁判批判に固執することは、日本は戦争に勝ったときには「勝者の裁判」を担い、負けたときには「勝者の裁判」を批判するという、相矛盾した立ち位置を演じることになるのである。

ただいずれにせよ、日本はサンフランシスコ講和条約で東京裁判を受け入れ国際社会に復帰したのである。従って、A級戦犯の合祀が「東京裁判の否定」を前提としている以上、靖国に参拝する政治指導者たちがどのような理由づけを行おうが、国際問題化せざるを得ないのである。その際、問題は中国や韓国からの批判に止まらない。なぜなら事は、サンフランシスコ講和条約を基礎として米国がつくり上げてきた戦後秩序そのものへの挑戦を意味するからである。

かくして戦後史において、米国主導の戦後秩序を否定する信条と論理を孕み、それに共鳴する広範な支持基盤を有した政権が初めて登場し、今や日本を担っているのである。これこそ、日本の孤立化が危惧されるゆえんであり、日本をめぐる安保環境の悪化をもたらしているのである。

3 「歴史問題」への立ち位置

なぜ半世紀を要したのか

それでは、歴史認識問題をどのように捉え直せば良いのであろうか。まず手掛かりは、日本による植民地支配と侵略によってアジア諸国の人々に与えた多大な損害と苦痛について「反省とお詫びの気持ち」を表明した「村山談話」である。一九九五年八月一五日に出された「村山談話」は正式には「自民・社会・さきがけ三党連立政権談話」と呼ぶべきであるが、問題は、この当然すぎる歴史認識を日本政府として初めて正式に表明するのに、なぜ半世紀もの時間を要したのか、というところにある。

三国同盟を組んでいたドイツやイタリアと比較するとき、この時間は異様と言う以外にない。否、それ以上に、この異様さがそれとして認識されるどころか、「村山談話」の見直しさえ提起されるところに、問題の異様さが象徴的に示されている。

ここで改めて憲法前文を読み直すと、そこには「政府の行為によつて再び戦争の惨禍が起ることのないやうにすることを決意し、……この憲法を確定する」と明記されている。つまり、あの戦争が当時の日本政府自らの「行為によつて」引き起こされたと断じ、こうした政府による誤りを二度と繰り返さないという決意のもとに戦後日本の再建が展望されているのである。

ところが、自民党の憲法改正草案の前文では、「我が国は、先の大戦による荒廃や幾多の大災害を乗り越えて発展し、……」と記され、なぜ戦争が引き起こされたのかという、現憲法前文の核心部分が見事に捨象されているのである。つまり、自民党の憲法改正草案は、まさに「村山談話」の見直しを前提としているのである。これは、戦後日本の立ち位置の否定という以外にない。

それでは、日本において歴史問題は、なぜこれほど異様な状況を呈してきたのであろうか。その答えは皮肉なことに、かねてより憲法改正を唱え〝タカ派〟の言論人として著名な、読売新聞グループの渡邉恒雄会長の主張に見出すことができる。

「鬼畜の行為《こうい》」としての戦争

「村山談話」から一〇年を経た二〇〇五年夏、読売新聞は渡邉の提唱により戦争責任検証委員会を設けた。なぜなら、二〇〇一年以来の小泉首相による靖国参拝によって周辺諸国との関係が悪化し、歴史問題が再燃したからである。その際の検証の焦点は、「日本はなぜ無謀な戦争に突入し、国内外に多大な犠牲を生んだのか」という問題であり、およそ一年後に『検証 戦争責任(上下)』(中央公論新社、二〇〇六年)としてまとめられた。

この作業を踏まえて渡邉は〇六年秋の雑誌論文(「『昭和戦争』に自らの手で決着を付けよう」『中央公論』二〇〇六年一〇月号)において、改めてその問題意識を披瀝した。渡邉は「戦後六〇年余にわたり、日本政府および日本国民の名において、東京裁判の内容と、そこで裁かれた、いわゆる『戦争犯罪』の検証を今日までしてこなかった」と指摘する。つまり、周辺諸国の批判への対応に終始して、実に戦後六〇年以上にわたり、日本人自身が戦争と「戦争責任者」を自ら裁くことを怠ってきたところにこそ最大の問題がある、ということなのである。

それでは、なぜ渡邉はこうした問題意識を持つに至ったのであろうか。それは、彼自身が陸軍二等兵として徴兵され、「人間が犬馬以下に扱われる社会が軍隊だった。これが、各戦地で兵士を大量に無駄死にさせる人命軽視の基本的観念でもあった」という体験を有していたからである。

この渡邉の〝告発〟からは、自らの兵隊さえ「犬馬以下」に扱う日本の軍隊が、植民地や侵攻地域で現地の住民をどのように扱ったか、容易に想像がつくというものである。

さらに渡邉は、「前記のような野蛮性、非人間性は、特に陸軍にあってはかなり普遍的であって、そのような精神的土壌から無謀な作戦が生まれた」と指摘する。この「無謀な作戦」を象徴するのが特攻作戦であり玉砕作戦であった。渡邉は、「特攻隊の編成は、形式的には志願で始まったが、間接的強制、そして実質的な命令に進んだ」「特攻はあの戦争の美談ではなく、残虐な自爆強制の記録である」「人間を物体としての兵器と化した軍部当時者の非人間性は、日本軍の名誉ではなく、汚辱だと思わざるを得ない」と、特攻作戦の本質を抉りだす。

続けて渡邉は、「生きて虜囚の辱めを受けず、死して罪禍の汚名を残すこと勿れ」という「戦陣訓」の思想から生まれた玉砕作戦も「あまりにも非人間的かつ非科学的であった」と指摘したうえで、「当時、政府もマスコミも『鬼畜米英』と言っていたが、玉砕、特攻こそ陸海軍最高首脳と幕僚たちの、前線の将兵に対する鬼畜の行為であった」と糾弾する。

こうした「非人間的で野蛮な作戦」が沖縄からアジア・太平洋に展開された訳であるが、渡邉が強調したいことは、「若い将兵たちは『被害者』であって、彼らを死地に追いやる作戦を立案し、実行した軍首脳と幕僚たちは「加害者」である。その差は峻別しなければならない。加害者と被害者を同じ場所に祀って、同様に追悼、顕彰することは不条理ではないか」という問題である。ここにこそ、靖国問題の本質が見事に抉りだされている。

さらに渡邉は、戦争の性格について、朝鮮半島や台湾を植民地とし満州を植民地化したことからして、「満州事変から日米戦争に至る昭和戦争について、植民地解放を大義とした戦争と言うことはできない」と断ずる。そして結論として、こうした戦争責任の検証について「一部の極右思想家たちによって単なる自虐史観ととられるのは、納得できない。当時の政府、軍の非を明らかにしたうえでなければ、ことの道理から諸隣国の日本非難に応答できないではないか」と批判し、さらにサダム・フセインや金正日を挙げて、日本の「軍国主義独裁者の犯罪とその末路」を学ぶべきであるとさえ述べて、〝歴史の教訓〟の重要性を指摘しているのである。

4　米国が直面するジレンマ

「昭和戦争」を肯定する立場

以上の渡邉の視点は、歴史問題を捉え直す場合の、文字通り基軸となるべきであろう。ところが、戦後七〇年を前にした今日の日本の政界やメディアや世論における歴史問題をめぐる状況は、渡邉が危惧した戦後六〇年の時期より、はるかに「悪化」した事態となっている。

実は、読売新聞の戦争責任検証委員会は上記本(五七頁)を改題・再構成した書物(『検証　戦争責任(上)』中公文庫、二〇〇九年)の「あとがき」において、「〇八年には自衛隊の航空幕僚長が『我が国が侵略国家だったというのは濡れ衣だ』などとする論文を書いて物議をかもした。本書の検証結果とは相容れない見解である。『昭和戦争』を肯定するような立場は、日本が今後も歩むべき国際協調や国際貢献の道を狭いものにするだけだろう」と懸念を表明した。

この「航空幕僚長」こそ、先に触れた田母神俊雄であって、彼は本年(二〇一四年)一月の東京都知事選挙に出馬し、持論を展開しつつ六〇万票を獲得した。そして、この田母神の応援に馳せ参じたのが作家の百田尚樹であって、彼は「東京裁判は東京大空襲や原爆投下をごまかすための裁判」であり、この裁判で南京大虐殺が出てきたのも「米軍が自分たちの罪を相殺するためであった」と強調した。さらに、この百田が安倍の「盟友」であって、安倍は彼をNHKの経営委員に送り込んだのである。だからこそ、韓国や中国はもちろん米国からも、安倍を「危険なナショナリスト」と警戒する論調が高まってきたのである。

ジョセフ・ナイの危惧

そして、この安倍の「歴史修正主義」が集団的自衛権の問題と密接なかかわりを持ってくることになった。英紙『フィナンシャル・タイムズ』は二〇一四年二月二〇日に、「安倍首相を望んだことを悔やむ米国政府」という興味深い記事を掲載した。つまり、安倍政権の登場は米国にとって、「安保タダ乗り」を克服し集団的自衛権の行使に踏み切るという、米国が長年にわたって日本に求めてきた課題がようやく実現されるものと思われたが、「その瞬間」となって米国は「おじけづく」事態となった、と鋭い分析を加えている。

問題のありかを象徴するのが、元米国防次官補のジョセフ・ナイの認識である。彼は、安倍政権が集団的自衛権の行使に向けて解釈を変更しようとすることは「正当なこと」と評価する。しかし、安倍政権の行動が、「日本が軍国主義に向かうのではないかという不安」を中国や韓国に与えるばかりではなく、米国でも「日本で強いナショナリズムが台頭しているのではないかという懸念」が出ていると指摘する。そのうえで、集団的自衛権が「ナショナリズムのパッケージで包装」される、つまりは「良い政策が悪い包装」で包まれるならば近隣諸国との関係を不安定にさせるので反対である、との立場を表明したのである(『朝日新聞』二〇一四年三月一六日)。

ジャパン・ハンドラーの誤算

ここには、米国の直面するジレンマが象徴的に示されている。なぜなら、ナイはアーミテージなどと共にジャパン・ハンドラーとして、二〇〇〇年の第一次アーミテージ報告以来、日本が集団的自衛権を行使できないことは安保体制を阻害するとして、解釈変更を執拗に求めてきたのである。その際の彼らの前提は、新たに設置された国家安全保障局の初代局長である谷内正太郎がかつて、日米関係は「騎士と馬」の関係であると的確に述べたように(『中央公論』二〇一〇年九月号)、当然のことながら、日本の集団的自衛権の行使は「騎士」たる米国の指揮下で行われなければならない、というものなのである。

ところが、ジャパン・ハンドラーの最大の誤算は、日本が集団的自衛権を解釈変更し海外での武力行使に踏み出すことを強く主張する政治勢力が、実は「東京裁判史観」からの脱却というイデオロギーによって色濃く染められていることであった。言うまでもなくこのイデオロギーは、すでに指摘してきたように、米国が築き上げてきた、サンフランシスコ講和条約によって基礎づけられた戦後秩序への挑戦を意味しているのである。

このように、安倍政権の歴史認識の問題がきわめて深刻な意味合いを有しているからこそ、日本に続いて訪問した韓国でオバマ大統領は、明確な警告を発したのである。つまり、四月二五日の朴大統領との記者会見においてオバマは、日韓両国が未来志向に立つべきことを強調しつつも、従軍慰安婦問題について「恐るべき言語道断の人権侵害」と断じ、その上で突如として安倍首相の名前をあげ、「(首相は)過去というものは誠実かつ公正に認識されねばならないことを分かっている、と考える」と、異例の形で厳重に〝釘を刺した〟のである。これは、安倍の「歴史修正主義は断じて許さない」というオバマの宣言と見ることができよう。

「ビンの蓋」論の今日的意味

以上のように見てくるならば、今や安保条約の本質問題が、改めて露呈してきたと捉えるべきであろう。つまり、一九五一年に旧安保条約が締結されて以来、それは「二重の封じ込め」を意味していた。一つは旧ソ連や中国の共産主義の封じ込めであり、二つは日本の軍国主義復活の封じ込めである。後者は具体的には、一九八九年一二月の米ソ冷戦の終結宣言(マルタ会談)から三ヶ月を経た一九九〇年三月二七日に在日米海兵隊のスタックポール司令官が『ワシントン・ポスト』紙に語った発言に象徴的に示されている。

彼は、仮に米軍が日本から撤退すれば、日本は急速に軍事力を強化するであろうと予測したうえで、「誰も日本の再軍備を望んではいない。だから我々は、ビンの蓋なのだ」と明言したのである。つまり同司令官は、在日米軍は日本の軍国主義をビンの中に閉じ込めておき、それが復活してくるのを防ぐ「ビンの蓋」としての役割を担っていると述べて、問題のありかを鮮明にさせたのである。実にそれ以来、四半世紀を経て、今や安倍政権の立ち位置とイデオロギーが、「ビンの蓋」としての安保条約の重要性を再認識させることになってきたのである。

第三章 「ミサイル攻撃」論の虚実

1 「軍事オタク」の論理

迎撃不能

第一章で検証したように、安倍政権の集団的自衛権に関する議論は現実性を欠いているのであるが、そのさらなる象徴が、二〇〇七年五月にまとめられた安保法制懇の報告書以来の焦点である「第二類型」の問題である。それはつまり、「米国に向かうかもしれない弾道ミサイルを我が国が撃ち落とす能力を有するにもかかわらず撃ち落とさないという選択肢はあり得ない」ということなのである。

この〇七年の報告書では、脅威とはもっぱら北朝鮮のそれであり、興味深いことに中国の脅威にはまったく触れられていないので、右の問題は具体的には、北朝鮮が米国のハワイやグアムをミサイルで攻撃して日本の上空を通過する際に、それを撃ち落とすためには集団的自衛権を行使する以外にない、という問題なのである。

こうした問題の設定の〝非現実性〟は、「撃ち落とす能力を有するにもかかわらず」という一節にある。具体的には、イージス艦搭載の迎撃ミサイルSM3の迎撃可能高度は、軍事評論家の江畑謙介によれば「一〇〇〜一六〇キロ程度」であり、たしかに過去に迎撃に成功した発射実験での明示高度は「一三七キロ」である。他方、北朝鮮のノドン・ミサイルの高度は、二〇〇五年三月の飯原一樹・防衛庁防衛局長の答弁によれば「最高高度で三〇〇キロぐらいに達する」とのことなのである(豊下『集団的自衛権とは何か』一二六〜一二七頁)。

つまり、そもそも迎撃不能なのである。だからこそ今や、後述するように、巨額が必要とされる新たな迎撃ミサイルの導入が計画されているのである。今回の「報告書」は、「集団的自衛権は全体として軍備のレベルを低く抑えることを可能とするものである」と述べているが、事態は全く逆なのである。

政治的動機分析の欠落

しかし問題の核心は、ミサイルの迎撃能力の有無にあるのではない。根本的な問題は、こうしたケースの設定のあり方それ自体にある。それは、いわゆる「軍事オタク」の論理の典型例が示されている、ということなのである。つまり「軍事オタク」は、問題の政治的・外交的背景を捨象し、あたかもゲーム・センターで戦争ゲームをやっているかの如き議論を展開する、という特徴を持っている。

この場合で言えば、北朝鮮による米国へのミサイル攻撃というシナリオがいきなり設定されるのであるが、なぜ、何を目的に北朝鮮は米国を攻撃するのかという動機の問題は、完全に捨象されているのである。国際政治を論ずるとき、政治的動機の問題が決定的な要素を占めるが、その大前提が欠落しているのである。

言うまでもなく、仮に北朝鮮が米国にミサイル攻撃をかけるならば、米国はそれを奇貨として間髪を入れず、ピョンヤンを壊滅させる軍事作戦を全面展開するであろう。そもそも北朝鮮はミサイル発射実験や核実験などの挑発行為を繰り返しつつも、その本音は米国との直接交渉によって、現在の休戦状態から脱して平和協定を締結するところにある。従って、ピョンヤンの壊滅と体制崩壊をも覚悟して米国を攻撃するなどということは、まさしく〝自殺行為〟なのである。

2　原発「再稼働」とミサイル防衛

ターゲットは原発

安倍政権が五月下旬に提示した「安全保障法制事例」の「事例⑪」は、北朝鮮が米国のグアムやハワイにミサイル攻撃をかける場合を想定した事例であるが、そこでは「攻撃国（北朝鮮）はわが国と米国を共に敵視する言動を繰り返しており、攻撃国の武力攻撃を早急に止めなければ、次は近隣に所在する米国の同盟国であるわが国にも武力攻撃が行われかねない状況にある」と述べられている。要するに、北朝鮮が米国に向けてミサイルを発射する際に、日本が集団的自衛権を行使してそれを迎撃しないならば、北朝鮮は「次は」日本を攻撃してくるであろう、ということなのである。まさに、信じ難い記述である。話は全く逆であろう。日本が「迎撃しないならば」ではなく、日本が迎撃すれば、北朝鮮は日本を「敵国」と看做して攻撃してくるのである。軍事常識のかけらもない、机上の議論の典型である。

そもそも、北朝鮮が米国にミサイル攻撃をかけるという想定は、北朝鮮が完全に理性を欠いた国であることを前提とする。理性を欠いた北朝鮮であるならば、相当の確率において、米国を攻撃する前に日本をターゲットに置くであろう。「狂気」を孕んだ北朝鮮の指導者が日本を狙うとすれば、格好の目標は日本海側の原発と考えて間違いない。約五〇基ある日本の原発の六割が日本海側にあるということは、軍事戦略的にみて致命的な脆弱性を抱え込んでいる、ということなのである。

それでは、日本の原発は空からのミサイル攻撃に耐えられるのであろうか。例えば、北朝鮮が日本海に七発のミサイル発射を行った二〇〇六年の年末にまとめられた、経済産業省による原発の有事対策に関する報告書によれば、「弾道ミサイルに有効に対処し得るシステムは未整備」と明記されている(豊下『集団的自衛権とは何か』一二八頁)。

とすれば、あり得べき北朝鮮によるミサイル攻撃に対処するために、少なくとも日本海側の原発のすべてにPAC3が配備されねばならないはずである。「軍事専門家」からは、日本海側にイージス艦が配備され迎撃ミサイルSM3が搭載されているから、北朝鮮の原発攻撃に十分対応できる、との主張もなされる。しかしこうした主張は、日本のミサイル防衛システムの前提について、無知をさらけ出しているようなものである。

なぜなら、日本のミサイル防衛は二段階から成っており、イージス艦のSM3による迎撃に失敗した場合に備えて、地上配備型のPAC3が米国から購入されたのである。仮にSM3だけで迎撃可能であるならば、そもそも巨額の税金を投じてPAC3を導入する必要などなかったはずなのである。さて問題のＰＡＣ３であるが、現実の配備状況を見ると、入間（埼玉）、習志野（千葉）、浜松（静岡）、武山（神奈川）、霞ヶ浦（茨城）、城山（三重）など、本土の中央から太平洋側に配置されているのである。

このように、現段階で日本の原発のすべては、ミサイル攻撃に「無防備」の状態に置かれているのである。ところが驚いたことに安倍政権は、原発の再稼働を進めようとしている。本年（二〇一四年）五月末の段階で再稼働申請をしたのは一二原発一九基であるが、その多くが、泊、柏崎刈羽、敦賀、大飯、高浜、島根、玄海など、日本海側にある原発なのである。

言うまでもなく、ミサイル攻撃を前提とするなら、原発は停止状態より稼働中の方が、比較にならないくらいに「破壊力」は大きい。しかもこの場合、北朝鮮は核弾頭搭載のミサイルを開発する必要はないのであって、通常のミサイルで攻撃を加えるだけで、核ミサイル攻撃に匹敵する甚大な被害を日本に及ぼすことができるのである。

支離滅裂な議論

「はしがき」で触れたように、安倍首相は五月一五日の記者会見において、北朝鮮のミサイルが東京・大阪をはじめ「日本の大部分を射程に入れている」と強調し、その脅威を広く国民に訴えた。ということは、当然のことながら、日本全国の原発が北朝鮮のミサイルのターゲットになっているはずなのである。

にもかかわらず、安倍政権は記者会見からわずか二週間後には、原子力規制委員会に原発推進派を送り込むという人事交代に踏み出し、原発再稼働に向けて強引に動き始めた。北朝鮮のミサイルの脅威を煽りながら、他方で原発の再稼働を急ぐとは、まさに支離滅裂と言う以外にない。

現実に再稼働するというのであれば、その前提として、安倍首相が「切れ目のない隙のない防衛体制の構築」を強調するように、少なくとも日本海側の原発のすべてにＰＡＣ３を配備しなければならない。さらには、ミサイル攻撃があった場合の周辺住民の避難計画を急ぎ策定すべきである。仮に、これらの対策を講じることもなく原発再稼働に動くというのであれば、実は安倍政権は、そもそも北朝鮮という国は原発を攻撃するような理性を欠いた国家ではない、と判断しているのであろう。

だからこそ、五月末（二〇一四年）にまとめられた日朝合意文書において、北朝鮮が拉致被害者の再調査を開始する時点で、日本側が北朝鮮への制裁の一部解除に踏み切ることが明記されたのであろう。つまりは、北朝鮮の「理性的対応」を前提としているのである。

とすれば、そもそも喧伝される北朝鮮のミサイルの脅威とは、一体何なのであろうか。結局のところそれは、国民の不安感を煽りたてるための単なるレトリックに過ぎない、と言わざるを得ない。そうであれば、北朝鮮が米国にミサイル攻撃をかける場合に、それを日本が集団的自衛権を行使して迎撃せねばならないといった「事例」それ自体、およそ検討に値しないことは明らかであろう。なぜなら、改めて言えば、この「事例」が想定するほどに北朝鮮が理性を欠落させているならば、およそ原発の再稼働といった選択肢は、あり得ないからである。

3 「最悪シナリオ」論の陥穽

ミサイル防衛は禁止されていた

ミサイル防衛の問題を考えるためには、改めてその歴史的な位置づけを再検討しておかねばならない。何が問題かと言えば、実はかつては、ミサイル防衛の配備が禁止されていた、ということなのである。それは、一九七二年に米ソ間で締結されたＡＢＭ条約（弾道弾迎撃ミサイル制限条約）である。この条約は、弾道ミサイルを撃ち落とす防御兵器を本土防衛の目的で配備することを基本的に禁ずるものであり、これは相互が核攻撃に対して脆弱性を持つことを意味した。

この条約の前提にあるのは「相互確証破壊」の論理であって、米ソ双方が相手側に「耐えがたい損害」を与え得る核攻撃能力を有することを事前に明示しておくことによって、互いに核使用を思い止まらせることができるというものである。これを懲罰的抑止と言う。ところが、仮に互いに迎撃ミサイルを配備して損害を限定することが可能となるならば、先制攻撃の誘因を高めてしまう結果となる。それを抑えるために、右のＡＢＭ条約が締結されたのである。

ここに明らかなように、迎撃ミサイルは防衛の論理ではなく先制攻撃の論理を孕んでいるからこそ禁止されたのであり、かくして、このＡＢＭ体制は「相互確証破壊」の論理と表裏一体となっていたのである。つまり、互いに核への恐怖心を〝共有〟しあい、従って相互の「理性」を信頼する前提で成立したのである。

ＡＢＭ条約破棄の論理

ところが、二〇〇一年一二月に至り、当時のブッシュ大統領はロシアに対しＡＢＭ条約からの脱退を通達した。その論理は、「ならず者国家」とテロリストが大量破壊兵器で米本土を攻撃する恐れが出てきたにもかかわらず、ＡＢＭ条約の存在で撃ち落とすことができない、というものであった。この脱退の論理の核心は、「ならず者国家」や「悪の枢軸」(イラク、北朝鮮、イラン)を、「失うものを何も持たず核の脅しも通用しないテロリスト」と同列におく、というところにあった。つまり、ＡＢＭ条約に象徴される冷戦時代の抑止は「時代遅れになった」、ということなのである。

しかし、二〇〇二年一月の一般教書演説でブッシュ大統領によって「悪の枢軸」の一員に名指しされたイランのハタミ大統領は、一九九八年の国連総会で「文明の対話」を呼びかけ国際社会に大きな反響を呼び起こした「理性的指導者」であったし、サダム・フセインや金正日のような「狂気の独裁者」であっても、体制の維持が至上の課題であった。つまり、「失うものを持たない」テロリストとは決定的に異なっていたのである。

しかし、ブッシュの強引な論理で二〇〇二年にABM条約が失効して以降、米国は迎撃ミサイルを量産してミサイル防衛体制の整備を急ぎ、やがてロシアをはじめ世界中に迎撃ミサイルが拡散するに至ったのである。

ここで重要なことは、ミサイル防衛の論理と核抑止の論理が根本的に矛盾している、ということである。なぜなら、「核の脅し」さえ通用しない「理性なき国家」が登場してきたからこそミサイル防衛が必要となった訳であって、論理的には、そこでは核抑止も「核の傘」も意味をなさないことが大前提なのである。

税金の「回収」こそ

それでは、ミサイル防衛は有効に機能しているのであろうか。PAC3の配備が太平洋側にシフトしていることについては、すでに指摘した。問題のありかが鮮明に示されたのは、二〇〇九年四月に北朝鮮が東北地方の上空を越えて太平洋に弾道ミサイルの発射実験を行った時であった。

防衛省は北朝鮮の「予告」に従い、急遽首都圏からPAC3を移送し東北地方の「拠点」に配備したのであったが、この「事件」は、PAC3がいかに「実戦」に対応できないかを劇的に示すものであった。なぜなら、実際に戦争になったら、どこの地域にミサイル攻撃をかけるか、予め指定する「敵」などいる訳がないからである。

それでは、なぜ日本はこの「無用の長物」に一兆円もの巨費を投じてきたのか。それはひとえに、日米の軍需産業の利害からきたものである。すでに一九九七年にジャパン・ハンドラーのアーミテージは研究報告「日米同盟への提言」において、米国でミサイル防衛開発に投じられた九八〇億ドルに達する税金を「回収」するために、日本の防衛構想への参加を「勧告」していた。

従って、日本が事実上ミサイル防衛の購入に舵を切る契機となった翌九八年八月末の北朝鮮によるテポドン発射実験は、アーミテージたち米国の軍需産業の関係者にとっては「金正日将軍万歳！」という気持ちであったろう。彼らにとっては、ミサイル防衛が現実に機能するかどうかはどうでも良いことであって、ただひたすら北朝鮮の脅威を煽り、「軍事オタク」を走らせて日本に購入させることこそが目的なのである(豊下『集団的自衛権とは何か』第四章四節)。だからこそ、日本中が北朝鮮の脅威に震えることになったテポドン発射の翌月からは、ワシントンにおいて米朝間の実務者会談が始まり、米朝関係の改善に向けての動きが本格化していったのである。

こうした軍需産業の利害は徹底している。安倍政権は、これまでのSM3やPAC3では「防衛の隙間が生じている」との理由で、米国で開発が進む「最終段階高々度地域防衛(THAAD)」と地上配備型SM3、さらには新装備のPAC3を新たに導入する方針を固めたという。一兆円もかけて「無用の長物」を買わされた日本の国民は、「防衛の隙間が生じている」とか「ミサイルを連射された場合に防げない」との理由で、さらに巨額をむしり取られようとしているのである(『読売新聞』二〇一三年一一月一〇日、『日経新聞』二〇一三年一二月一日)。ここでは、「隙間」が生じている時に、なぜ「理性なき北朝鮮」が日本を攻撃してこなかったのかという根本的な問いは発せられないままに、ただ軍需産業と利害関係者たちの「高笑い」がこだますだけである。

機能しないミサイル防衛

ところで自民党の石破幹事長は、北朝鮮のミサイルと集団的自衛権との関係をめぐり、「グアムに向けてミサイルが発射され、日本のイージス艦がそれを撃ち落とせる能力を持ち、撃ち落とせる位置にいたとして、それをせず、その結果、グアムにミサイルが落ちて何万人もの人が亡くなったとしたら、日米同盟は破棄されるでしょうね」と述べた(『ダイヤモンド・オンライン』二〇一四年五月二三日)。

この議論では、やはり「軍事オタク」そのままに、なぜ北朝鮮がグアムにミサイル攻撃をかけるのかという、国際政治分析で最も重要な問題は完全に捨象されている。ただいずれにせよ、右に述べた新たなミサイル防衛システムを日本が膨大な税金を投じて購入することが前提となっているようである。しかし、問題の本質はそこにはない。

何より驚くべきは、この議論では、北朝鮮のミサイルによってグアムに在住する「何万人」もの人たちが殺されることが想定されている、ということなのである。この想定が意味することは、アジア・太平洋の重要な戦略拠点であり、中国のミサイルさえターゲットにおいているグアムの米軍基地のミサイル防衛システムが、きわめて脆弱であるか、ほとんど機能しない、ということなのである。

石破は、グアムに向かう北朝鮮のミサイルを日本が迎撃しなければ「日米同盟は破棄されるでしょうね」と警告を発する。しかし、そもそも米国の政権であれ議会であれ、地球の半分をカバーする海外最大の戦略拠点である日本の米軍基地を、なぜ自ら放棄すると言うのであろうか。全く逆に米国議会は、グアムのミサイル防衛の信じ難い脆弱性をとらえて、自らの政権と軍部を徹底的に追及するであろう。要するに石破は、米国の政治力学と安保条約の本質問題を、何一つ理解していないのである。

さらに言えば、そもそも石破幹事長は、小泉政権時代の二〇〇三年に日本として初めてミサイル防衛の導入を決定した当時の防衛庁長官であり、「これ以外に、弾道ミサイルから日本を守る道はない」と述べて、導入の〝旗振り役〟を演じた人物である。とすれば石破は、かくも脆弱で機能しない米国のミサイル防衛システムのために、巨額の税金を投入した重大な責任が問われることになる。さらに言えば、グアムの米軍基地さえ守れないようなミサイル防衛であれば、日本の原発などは、北朝鮮のミサイル攻撃の前にひとたまりもない、ということになるであろう。ならば再び、なぜ原発の再稼働を進めるのであろうか。

安倍首相と同じく石破幹事長の議論も、文字通り支離滅裂である。しかし実は、この支離滅裂さの中にこそ、問題の本質が露呈していると言えよう。それはつまり、有事体制を構築していくうえで世論を動員するためには、たえず「最悪シナリオ」を喧伝せねばならないのであるが、それを誇張すればするほど現実の施策との根本的な矛盾が明らかとなってくるという、本質的なジレンマに直面せざるを得ないのである。

第四章　中国の脅威と「尖閣問題」

1　分岐点としての「国有化」

「挑発的行動をとるな」

オバマ大統領は四月二四日(二〇一四年)の安倍首相との共同記者会見において、日本の安全保障への安保条約のコミットメントは「絶対的」であり、同条約第五条は「尖閣諸島を含む、日本の施政下にあるすべての領域に及ぶ」と明言した。また共同声明では、「米国は、尖閣諸島に対する日本の施政を損なおうとするいかなる一方的な行動にも反対する」と記された。

安保条約第五条は、日本の施政下にある「いずれか一方に対する武力攻撃」が生じた場合に「自国の憲法上の手続き」に従って行動することを規定しており、米国の場合、そもそも無人島のために中国と事を構えることについて議会の承認が得られるのか否かが大問題となる。とはいえ、これまで国務長官や国防長官などによって言及されてきた「五条適用」が、大統領自身によって明言されたことは重要である。

しかし、同時にオバマ大統領は、首脳会談において「事態をエスカレートさせず、言説を抑え、挑発的行動をとることなく、問題を平和的に解決することの重要性」を安倍首相に強調したことを、記者団に明らかにしたのである。それでは、なぜオバマはあえて「挑発的行動(provocative actions)をとるな」と安倍に迫ったのであろうか。この発言には、なぜ尖閣諸島をめぐって日本と中国が一触即発の関係に陥ってしまったのかという根本問題への、オバマ政権の判断が明確に表明されているのである。

東シナ海を「平和の海」に

問題のありかは、次の数字に象徴的に示されている。それは、三日と六三日という日数である。前者は、二〇一二年九月に野田佳彦民主党政権が尖閣諸島の国有化を決定するまでの一年間に、中国船が尖閣諸島の領海を侵犯した日数である。今日では信じ難いことであるが、一年間にわずか三日のみなのである。ところが、国有化が行われてからの一年間では、領海侵犯の日数が六三日に達した。二〇倍以上に跳ね上がったのである。

まさに一目瞭然、尖閣諸島の国有化こそが、日中関係を劇的に悪化させる決定的な分岐点となったのである。さらに注目すべきは、今ではほぼ〝忘却の彼方〟となっているのであるが、実は国有化の前年の二〇一一年末に野田首相が中国を訪問し、温家宝首相および胡錦濤国家主席との間で日中首脳会談が開かれていたことなのである。しかもそこでは、東シナ海を「平和・協力・友好の海」にしていくこと、海洋での危機管理体制を整えるために協議を開始すること、翌二〇一二年の国交正常化四〇周年にあわせて相互交流を活発化させること、との合意が交わされたのである。

この日中間の合意について、一二月二六日のNHK番組「時論公論・野田首相訪中で見えたもの」において加藤青延・解説委員は、次のような評価を行った。つまり、「外交・安全保障の分野で注目しているのは、東シナ海など海の上での偶発的な事件や衝突などを回避するために、両国の関係部門が定期的に意見交換する『日中高級事務レベル海洋協議』という新たなメカニズムを構築できたことです。これまで日中両国には、まともな危機管理のシステムがありませんでした。去年〔二〇一〇年〕秋には、尖閣諸島の漁船衝突事件のような両国関係を揺るがす事件もおきました。今回の合意で、ようやく『平和の海』に向けた第一歩が構築されることになったといえます」と、合意の意義を強調した。

もちろん、こうした「解説」が中国側の意図について楽観的に過ぎるという評価も可能であろうが、とにもかくにも、二〇一〇年九月の中国漁船の衝突事件以来の悪化した日中関係を、相互信頼と危機管理体制の構築という方向に進めていく〝共通の土俵〟が形成されたことは間違いのないところであった。だからこそ、先に指摘したように、当時は中国船による尖閣諸島の領海侵犯は、ほとんど見られなかったのである。

「尖閣諸島を買います」

ところが、こうした方向性をすべてぶち壊したのが、当時の石原慎太郎・東京都知事が行った、尖閣諸島にかかわる〝爆弾発言〟であった。すでに拙著で詳しく検証したところであるが(豊下『「尖閣問題」とは何か』序章、第三章)、かいつまんで問題のありかを明らかにしておこう。

石原は二〇一二年四月一六日、ワシントンのヘリテージ財団での講演において突如として、「東京都はあの尖閣諸島を買います。そういうことにしました」と、東京都として尖閣諸島を購入する方針を打ち上げたのであった。

こうした石原特有のパフォーマンスは大きな反響を呼び起こし、彼が国会で「中国が強盗に入ると宣言している時に政府はいかに弱腰なのか」と野田政権への怒りをぶちまけると、「領土ナショナリズム」が一気に燃え上がることになった。東京都が設けた口座には、わずか一ヶ月で一〇億円(最終的には約一五億円)を越える寄付金が集まり、テレビでは著名キャスターが「石原さんの言いたいことはよーく分かります」と持ち上げる始末となった。

「支那が怒る」

仮に当時メディアが、偏狭な「領土ナショナリズム」に煽られることなく、石原の意図について冷静に分析した報道を行っていたならば、その後の事態の展開は変わっていた可能性がある。そもそも、尖閣諸島と直接関係のない一地方自治体が、日本と中国という国家間の最大の懸案となっている問題に〝介入〟して同諸島の購入に乗り出すということ自体が、鋭く問い糺されるべきであった。

さらに、東京都として購入するのであれば都議会でその方針を表明すべきところが、米国でも対中強硬姿勢が際立つヘリテージ財団での講演でぶちあげたことの背景が、まずもって検証されるべきであった。ヘリテージ財団は共和党保守派の系列のなかでも最もタカ派として知られるシンクタンクであるが、石原を招いたのは、その所長であるウォルター・ローマンであった。彼は一九九〇年代には、「ウルトラ・ライト」として知られたジェシー・ヘルムズ上院議員など、強硬な中国政策を主張する議員たちに仕えたという経歴の持ち主であった(春原剛『暗闘　尖閣国有化』新潮社、二〇一三年、六三～六四頁)。

このように見てくれば、石原の狙いはきわめて鮮明であったと言える。いみじくも彼は講演のなかで、「国が買い上げると支那が怒る」と述べたが、米国の対中強硬派の勢力を背後に置きつつ、まさに「支那が怒る」ような事態を生みだす〝仕掛け〟に打って出たのである。

すでに石原は二〇一〇年九月の中国漁船衝突事件の際に、海上保安庁ではなく「あれは軍隊〔海上自衛隊〕が出ていって追っ払ったらいい。それでそれが軍事紛争になるなら、アメリカが、もっとそれを拡大したら踏み込んでこざるを得なくなる」と述べて、「本当の軍事紛争」を引き起こし、そこに米国を〝巻き込む〟という構図を描いていたのである(豊下『「尖閣問題」とは何か』九四頁)。

2 誰が「引き金」を引いたのか

「中国と戦争になっても構わない」

かくして野田政権は政府としての対応を迫られ、七月七日に至り尖閣国有化の方針を表明した。はしなくもこの日は、日中戦争の発端となった盧溝橋事件から七五周年の記念日であり、中国の世論では「日本と一戦を交える」などの過激な発言が強まり、中国当局も「弱腰」での対応を許されなくなっていったのである。ここには、野田首相や、彼の外交・安全保障問題担当補佐官として問題を直接担当した長島昭久などが、いかに歴史認識を欠落させていたかが鮮明に示されている。

これを受けて石原の言動は、さらにエスカレートしていく。七月一三日には、「尖閣諸島に自衛隊を常駐させるべき」と述べ、八月一五日には「首相が自分で行ったらいいよ、尖閣諸島に。野田が行ったらいいんだよ。私は首相がこの段階になって行かないのは怠慢だと思うけどね」と、野田首相が尖閣諸島を訪問するように煽りたてた。この五日前の八月一〇日に強行された韓国の李明博大統領による竹島訪問が引き起こした衝撃を考えるならば、この発言で石原が何を狙いとしていたか、透けて見えるというものである。また、同じ八月一五日に野田首相と直接会談を行った石原は、尖閣諸島に船溜まりなどを作ることで「中国と戦争になっても構わない」と述べたと言われる（春原、前掲書、一四六～一四九頁）。

こうした情勢の急激な緊迫化のなかで中国当局にあっては、あり得べき野田首相の「尖閣上陸」が国内で〝過剰反応〟をもたらすことへの危惧が一気に高まり、それを防ぐことが「中国国家の力量と外交の知恵を計る試金石となる」との主張がなされるに至った。ここには当然のことながら、習近平体制への移行をめぐる中国共産党内部の権力闘争が反映しており、遂に八月中旬から下旬にかけて、尖閣諸島の「国有化断固阻止」が中国当局の明確な方針となったのである（豊下『「尖閣問題」とは何か』七三頁）。

ところが野田首相は、九月九日にロシアのウラジオストックで開かれたＡＰＥＣ（アジア太平洋経済協力会議)の場で胡錦濤主席が「国有化反対」を強く主張したにもかかわらず、わずか二日後の九月一一日に閣議決定でもって尖閣諸島の国有化に踏み切ったのである。胡主席からすれば、問題は「自分のメンツをつぶされた」というレベルに止まらず、ことは中国の体面そのものにかかわる事態となった。なぜなら九月一一日は、満州事変の契機となった柳条湖事件を関東軍参謀たちが引き起こし中国にとっては「国恥の日」とされる九月一八日を一週間後に控えた、政治的に最も微妙な時期であったからである。ここでも、野田首相や長島補佐官たちの救い難い歴史認識の欠如が、最悪の形で露呈されたと言えるであろう。

増幅してゆく「反日」と「反中」

かくして、この国有化決定を引き金に、中国の主要都市や多くの地域で膨大な群衆による反日デモと、数多くの日系企業への焼き討ちが繰り返され、「愛国無罪」ならぬ「愛国犯罪」の嵐が吹き荒れることになった。さらには、尖閣諸島の領海や周辺海域への中国漁船や官船の侵入が一気に増大し、それはやがて〝日常化〟され、日中関係は未曽有の緊張状態に入りこんだのである。皮肉なことに、野田首相が日中首脳会談で「東シナ海を平和の海に」と合意しあってから、わずか九ヶ月後のことであった。

中国における巨大な「反日デモ」を受けて、当然ながら日本国内では「反中感情」や「中国脅威論」が一挙に吹き出し、尖閣をはじめとする南西諸島の防衛体制の強化に止まらず、安倍政権が主導する「積極的軍事主義」が正当化される土壌が形成されることになった。

それでは問題の本質は、中国の過激きわまりない「反日」姿勢にあるのであろうか。たしかに、中国の指導部が内部矛盾を外部に転嫁する格好の材料が「日本たたき」であることは間違いがない。しかし、尖閣問題を契機とした今回の問題の核心は、米国の保守系紙『ウォール・ストリート・ジャーナル』(二〇一二年九月一九日)が、「今日の日中両国の対峙状況は、日本の指導的ナショナリストである石原東京都知事によってもたらされた」「彼は尖閣の購入が北京に対する挑発となることを知っていた」と鋭く指摘したところにある。

挑発者の役割

しかも、実はこうした認識は米政府当局においても〝共有〟されていたのである。それは、ブッシュ政権下で東アジア担当の大統領補佐官を務めた知日派のマイケル・グリーンの次の言葉に鮮明に示されている。つまり、尖閣問題で米国が安保条約を発動するか否かを決めるポイントは、「尖閣の領有権を巡って日中両国のうち、どちらが相手をいたずらに刺激するような『引き金』に先に指をかけるか、という点にある。言い換えれば、日本が先に手を出した、と解釈された場合、日本との『同盟関係』だけでなく、中国との『大国同士の関係』も重視する米国は必ずしも日本に全面的に賛同し、支援するわけではない」と。

それでは、日本と中国と、いずれが「引き金」に指をかけ、それを引いたのであろうか。オバマ政権で東アジア・太平洋担当国務次官補を務め、尖閣問題への対処で奔走したカート・キャンベルは当時をふり返って、「あの頃、日本へのアドヴァイスは『よく注意してほしい。なぜなら、あなたたちは今後、長期に渡って起こることについて、引き金を引くかもしれないのだから』ということだった。そして、実際にそうなってしまった……」と述懐した(春原、前掲書、一七三、二八一頁)。

中国による海洋への拡張主義の危険性は、つとに論じられてきた。しかし、不測の事態さえ予測されるような今日の緊迫した日中関係をもたらした直接的な契機が、日本の側から「引き金を引いた」ことにあると米国は看做しており、だからこそオバマは安倍に対し、「挑発的行動をとるな」と厳重な警告を発したのである。この点を踏まえておくことが、尖閣問題の「解決」に向けての不可欠の視座なのである。

翻って、以上の経緯から重要な教訓が引き出されねばならない。それは、挑発者というものはどこの国にも存在する、ということなのである。日本はもちろん、言うまでもなく中国や韓国にも存在する。そして彼らの政治的主張は、当然ながら真っ向から対立する。しかし彼らは、緊張状態をつくりだすことに利害を有する点で、完全に一致しているのである。とりわけ、偏狭な

「領土ナショナリズム」は彼らにとって格好の材料であり、それぞれの挑発が相互作用を引き起こしてエスカレートしてゆき、彼らの求める一触即発の情勢が生みだされるのである。とすれば、政界はもとより何よりもメディアが、低俗な「領土ナショナリズム」の煽動に孕まれる挑発的要素を鋭敏に抉り出し、世論に向かって最大限の警告を発することが緊要の課題なのである。

3 「固有の領土」の現実

日本人立ち入り禁止

ところで石原は、尖閣諸島の「主権を守れ」と声高に主張しながら、同諸島の主権がかかわる根源的な問題に全く触れようとしなかった。それはまず、尖閣の主要五島のなかで、久場島と大正島の二島が米軍の管理下にあり日本人が立ち入れない区域になっている、ということである。この二島は、沖縄県庁の職員であっても、米軍の許可なしには上陸できないのである。

なぜ、米軍の管理下にあるかと言えば、それは射爆撃の演習場として使用するためである。ところが現実には一九七九年以来、三五年近く全く使用されていない。とすれば、「使用されていない施設や区域は返還される」と規定する日米地位協定に基づき、これら両島の返還が求められねばならないはずである。ところが歴代政権は、「米側から返還の意向が示されていない」との理由で、日本の側から返還請求しないという立場をとり続けてきた。

さらに本質的な問題がある。それは、米国が尖閣諸島の領有権のありかについて、「中立の立場」をとっていることなのである。そもそも尖閣諸島は、一八九五年以来、他のいかなる国も領有権を主張しない状況において、一貫して日本の領土であった。だからこそ、一九五二年のサンフランシスコ講和条約で沖縄が米軍の支配下に入って以降も、尖閣諸島を沖縄の一部として米軍は演習場として使用してきたのである。

ところが、一九六〇年代の末になって、国連の下部機関が尖閣諸島の周辺海域に海底資源が存在する可能性を報告して以来、台湾や中国が突如として領有権を主張しはじめたのである。これ以前の七〇年以上にわたり両国がいかなる抗議や要求も行ってこなかったことを踏まえるならば、両国の領有権主張は国際法上の根拠を持たないと言わざるを得ない。

「中立の立場」

にもかかわらず米国は、同盟関係にある台湾や、米中和解を前にした中国との関係を何よりも重視し、一九七一年の沖縄返還協定の締結に前後して、尖閣諸島の日本復帰は認めるが、領有権のありかについては「中立の立場」に立つとの方針を決定したのである。ここでいう「中立の立場」とは、尖閣諸島は日本のものか中国のものか台湾のものか明確にしない、という立場である。考えてみれば、これほど中国にとって有り難いことはなく、中国は、この日米間の亀裂を徹底的に突いてきたのである。

改めて確認をするならば、尖閣諸島は一貫して日本の領土であった。この点で、複雑な歴史的背景をもつ南シナ海の領有権問題とは違うのである。従って、米国が南シナ海の問題で「中立の立場」を取ることは十分に頷けるというものである。しかし尖閣諸島では、米国は主要五島のうち二島までも演習場として日本から提供されながら、尖閣諸島の領有権のありかについて「中立」を選択した訳であり、これほど無責任な話はない。仮に石原元都知事が「真のナショナリスト」であるならば、なぜこの問題を追及しないのであろうか。

ところで、先に見た安倍首相との共同記者会見でオバマ大統領も、尖閣諸島について「安保条約第五条の適用」を明言する一方で、「尖閣諸島に関する最終的な主権のありかについて我々は特定の立場はとらない」と、改めて「中立の立場」を強調したのである。それでは、なぜ歴代の米政権は、こうした立場をとり続けてきたのであろうか。

4　佐藤栄作首相の認識

「厳重にアメリカ政府に対して抗議する」

この問題の背景を探るため、ここで改めて、米国が「中立の立場」を打ち出した当時の佐藤栄作政権の対応について、新たな資料にも依拠しつつ検証しておこう。すでに拙著で触れたところであるが、一九七二年三月二一日、参議院の「沖縄及び北方問題に関する特別委員会」において社会党の川村清一議員は、次のように鋭い質問を投げかけた（豊下『「尖閣問題」とは何か』一八五〜一八六頁）。

つまり、沖縄返還協定において尖閣諸島が日本への返還区域に入っていることを指摘したうえで、「アメリカ政府は施政権は返す、しかしながら、この尖閣諸島の領有権についてはアメリカは発言の権限がないんだ、両当事国において話し合って解決してもらいたいと言って手を引いた」と米国の無責任さを批判し、その米国が尖閣諸島に訓練場を設けて管理下に置いていることは「国際法上妥当なのかどうか」と問いかけ、「かかるアメリカの行為に対して日本政府は厳重なる抗議をしなさい」と政府を追及したのである。

これに対して福田赳夫外相は、川村議員の意見について「私も全くそのとおりに思います。私は、この問題についてはアメリカといたしましてはもう議論の余地はないというふうに腹の中では考えておる、こういうふうに見ておるんです」と、米国自身が問題のありかを認識しているであろうと述べた上で、「それにもかかわらず、事が公の問題になりますると、最近になりまして、どうもあいまいな態度をとる、領土の帰属につきまして何かもの言いがつくならば、それは二国間で解決されるべき問題であるというような中立的な言い回しをしておる。私はアメリカ政府のそういう態度が非常に不満です」と踏み込み、今後の米国の出方次第では「厳重にアメリカ政府に対して抗議をするという態度をとろうと思っております」と強調したのである。

そして現に二日後の三月二四日、牛場信彦・駐米大使は米国務省のグリーン次官補に対して、尖閣諸島の帰属問題に関する日本政府の立場を説明し支持を求めたが、同次官補は「中立の立場」を繰り返した。さらに同日、国務省のブレイ報道官は、尖閣諸島が「沖縄の一部として日本に返還される」ことを認めたうえで、「主権について問題が生じた場合には当事者間で解決されるべきであるという米国の態度に変更はない」と明言したのである。

以上に見るように、当時の福田外相の言動は、石原などよりもはるかに〝気骨〟にあふれたものであった。しかし実は、牛場大使の要請にもかかわらず米国が「中立の立場」を変える意図はないことを明言して以降、佐藤政権が改めて米国に「厳重に抗議」をした形跡は認められないのである。

「論理的かつ明快」

この問題について『共同通信』の豊田裕基子記者は、昨年(二〇一三年)に機密指定解除された米公文書に基づいて、重要な事実関係を明らかにした。つまり、一九七二年三月二三日、駐日米大使館は本省への報告において、福田外相の国会での強い態度表明は、日中間の国交正常化への動きを抑えようとする意思が働いているかも知れないが、何よりも、後継首相への意欲を背景に「米政府にも挑戦することを恐れない……断固とした代表者(spokesman)」であることを印象づける狙いがあると指摘し、基本的には〝国内向け〟と評価していたのである。

それでは、なぜ米大使館は、このように冷静な判断を下すことができたのであろうか。それは、二日前の三月二一日に行われた、マイヤー駐日米大使と佐藤首相との会見に明らかである。そこで佐藤は尖閣問題をとりあげ、「尖閣諸島が日本の領土であることについて米国政府は立場を明確にして欲しい」と要請したのである。これに対しマイヤー大使は、尖閣諸島の管理権は日本に返還するが、主権のありかについては他の国々も主張するであろうから、「明確なことは、米国政府が論争者のただ中に巻き込まれたくないことである」と、佐藤の要請を断ったのである。マイヤーによれば、これを受けて佐藤は驚いたことに、「米国政府の立場は、きわめて論理的かつ明快である(quite logical and clear)」との認識を表明したのである。

佐藤首相が、こうした立場を明らかにしていたからこそ、米大使館の側は福田の〝強硬発言〟を冷静に分析できたのである。ただ、いずれにせよ重要なことは、尖閣の主権をめぐる問題は、一九七二年三月段階ですでに〝勝負〟がついていた、ということなのである。

そもそも、尖閣問題をめぐって「論争者のただ中に巻き込まれたくない」という米国の立場は、前年から際立っていた。実は佐藤政権は沖縄の返還に伴い、尖閣諸島に気象観測所を建設する計画をたて、一九七一年一月には米国政府に伝えていたのである。しかし、当時のロジャーズ米国務長官は「台湾、中国との対立のリスクを高める」との理由で反対するように駐日大使館に指示し、結局、佐藤政権は計画の撤回を余儀なくされたのである(『共同通信』二〇一三年九月六日)。石原慎太郎・元都知事が打ち上げた東京都による尖閣諸島の購入や船溜まり建設の計画、さらには国有化について、なぜ米国が、日本から「引き金を引いた」と批判したのか、以上の経緯を見ればきわめて明瞭であろう。

「最も賢明な道筋」

さて話を戻すと、佐藤・マイヤー会談から約三ヶ月半後の一九七二年七月には田中角栄政権が誕生し、田中首相は積極的に日中の国交正常化を推し進めた。そして、同年九月の北京における交渉のなかで、田中の側から「尖閣諸島についてどう思うか？」と周恩来首相に議論を持ち出したのに対し、周首相は「尖閣諸島問題については、今回は話したくない。今、これを話すのはよくない」と述べ、事実上の問題の棚上げを主張したのである（豊下『「尖閣問題」とは何か』四八〜四九頁）。

以上の経緯をうけて、翌七三年六月一二日、米大使館の側が外務省アジア局の中国課長である国広道彦を訪ね、尖閣の主権をめぐる日中間の紛争について、どのように「解決」しようとしているのか、考えを問うた。これに対して国広は、「尖閣の主権問題について、すべての関係国が、公に立場を表明することを避け続けることが最も賢明な道筋である」と言明し、さらに、仮に今後中国が主権の問題を提起してくるならば「日本政府は議論する用意がある」と明確に応えたのである（以上の資料については、豊田氏から提供頂いた。記して感謝申し上げたい）。

問題は、きわめて明確である。先の佐藤・マイヤー会談で佐藤が米国の「中立の立場」を「きわめて論理的かつ明快である」と受け入れたことで、尖閣問題はまさに「領土問題」であり、従って〝棚上げ〟を続けることが「最も賢明な道筋」であることを日本の政府・外務省も十二分に認識していた、ということなのである。

5　オバマ大統領の「通告」

平和的解決の重要性

さて、改めて今日の問題に戻るならば、オバマ大統領は日米首脳会談後の共同記者会見において、尖閣諸島について「五条適用」を言明する一方で記者団に向かって、首脳会談で安倍首相に対して「いかに日本と中国が協力して共に行動できるか、その方向にむけて踏み出すべきである」と述べたこと、さらには「話し合いによる平和的解決の重要性を強調した」ことを、明らかにしたのである。

こうした「平和的解決」論には、無人島をめぐる日中間の争いに巻き込まれたくないという米国の〝本音〟が現れている。しかし、根本的に看過されてならないことは、米軍が久場島と大正島の両島を自らの管理下に置いている以上、仮に久場島に中国の漁船員や兵士が上陸する際には、その排除責任はあくまで、安保条約とは関係なく米軍にあり、だからこそ米国は、否応なく中国との戦争にはまり込む危険性を抱え込んでいる、という問題なのである。

それでは、オバマが求める「話し合い」とは何を意味するのであろうか。安倍政権は尖閣諸島について「領土問題など一切存在しない」との立場をとっている。しかし米国は、過去四〇年以上にわたって「領土問題が存在する」という立場を一貫して維持し、しかも佐藤政権以来、日本も米国の立場を「論理的かつ明快」として事実上受け入れてきた、と看做しているのである。しかもオバマ政権は、尖閣諸島をめぐる今日の緊迫した事態は、直接的には日本側が「引き金を引いた」ことによってもたらされた、と認識しているのである。だからこそ、中国との「話し合い」に直ちに乗り出すべきだと強く主張しているのである。

仮に安倍政権が、こうした米国の立場を不当であると考えるのであれば、かつての福田外相ではないが、米国に「厳重に抗議」をして、その立場を撤回させるべきである。それを行わないのであれば、表現の仕方は別として事実上「領土問題」の存在を認め、「主権」のありかは棚上げにした上で、海底資源や漁業問題など具体的な交渉に入り、さらには、二〇一一年末の日中首脳会談以来の懸案である危機管理体制の構築に向けて踏み出すべきなのである。

「根本的な誤《あやま》り」

オバマ大統領は共同記者会見で、仮に中国が尖閣諸島に侵攻した場合に「五条適用」を発動する「レッドラインなどは引かれていない」と釘をさすと共に、「日本と中国との間で対話と信頼構築を進めることなく、事態がエスカレートしていくことを放置し続けるならば、それは根本的な誤りであると安倍首相に直截に言明した」と記者団に明らかにした。

つまり、安倍政権が中国との話し合いによる「平和的解決」に踏み出さないならば、仮に尖閣諸島への中国の侵攻があっても米国は「五条適用」は行わないとの立場を、事実上表明したのである。過去四〇年以上にわたる「尖閣問題」の経緯を踏まえるならば、この立場はきわめて妥当なものと言う以外にない。問題のありかはひとえに、このオバマの「通告」に安倍政権がいかに応えるかにある。

そもそも安倍首相自身、五月三〇日のシンガポールでのアジア安全保障会議で行った基調講演において、海をめぐる争いに関し「紛争解決には、平和的収拾を徹底すべし」と強調したのである。とすれば、尖閣問題について「領土問題など一切存在しない」との立場に固執することなく、まさに「領土紛争」として中国や台湾と話し合い、「平和的収拾に徹すべし」なのである。

ちなみに、ジャパン・ハンドラーを率いるジョセフ・ナイは、オバマの訪日を前に『ワシントン・ポスト』紙に寄稿した論文(四月一九日)で尖閣問題を論じているが、彼は一九七二年の日中国交正常化に際して、田中首相の問いに周首相が「問題を後の世代に託すべき」と応えたことを、尖閣問題の事実上の〝棚上げ〟と捉え、「周・田中フォーミュラ(公式)」と呼ぶのである。そして、この会談以来の経緯を振り返り、とりわけ尖閣諸島の国有化を契機とした中国船による領海侵犯の激増、それに対する日本のナショナリズムの高揚、さらには「火に油を注ぐ」ことになった安倍首相の靖国参拝などを踏まえて、今や日中関係は過去最悪の状況にあり、「低レベルでの誤算」が一気に大きな対立に発展しかねないと警告を発している。

その上でナイは、「目指すべき最良の道は、元々の周・田中フォーミュラの知恵を復活させること」にあると指摘し、一つの具体策として、尖閣諸島を「地域の公共財」となりうる「海洋エコロジー」の保護地域に設定することを提案し、今日の対決局面の〝冷却化〟を求めているのである。

過去三〇年近く中国の脅威に対抗すべきことを日本に求めてきたジャパン・ハンドラーが、今の段階でこうした提案を行うということは、無人島をめぐる日中間の争いが危険なレベルに達しており、米国がそこに巻き込まれる恐れがかつてなく高まっている、という危機意識の現れと捉えるべきであろう。

「五輪ナショナリズム」の陥穽

先に、石原元都知事が煽りたてた「領土ナショナリズム」に対し、政界やメディアが冷静で批判的な対応をとっていれば、尖閣問題をめぐる事態の展開は相当に変わっていたであろうと指摘した。同様の問題は、「五輪ナショナリズム」でも言えるであろう。

ふり返ってみれば、二〇〇五年に石原知事は、「日本を覆う閉塞感を打破し、一九六四年の東京オリンピックの栄光を再現する」とのスローガンをひっさげて二〇一六年オリンピックの開催地に名乗りをあげた。これに対し福岡市は「アジアの連帯と団結」との理念を掲げて争ったが、結果的に東京都が勝利した。ところが、〇九年のIOC総会で東京は敗北を喫したのである。しかし石原はその直後から、二〇二〇年オリンピックに再度立候補する意向を表明し、かねてからの持論である〝国家の総力戦〟の必要性を訴えた。

しかし、二〇一一年三月の東日本大震災は、東京でオリンピックを開催する場合に避けて通れない巨大な壁があることを、改めて鮮明に示した。それは言うまでもなく、首都直下型地震の可能性である。三〇年以内に七〇%の確率で起きると予測されるこの地震について、一三年一二月に公表された中央防災会議の作業部会報告によれば、被害想定は死者二万三〇〇〇人、避難者七〇〇万人、全壊・焼失建物六一万棟、被害総額約九五兆円に達するという。

この問題について舛添要一・現都知事は、東京湾臨海地域に集中する選手村や競技施設が多大の被害を受けるであろうことを想定しつつも、「知事としては、五輪期間中に大地震に襲われるという、それこそ『最悪の事態』を想定した危機シナリオを書くべきだろう」と主張する(舛添要一『東京を変える、日本が変わる』実業之日本社、二〇一四年、一〇〇頁)。

いみじくも評論家の山崎正和は、「首都直下型地震によって全都が被災する可能性があることを知りながら、現に二〇二〇年のオリンピックの計画が着々と進められている」という問題をとりあげ、この信じ難い矛盾した対応の背景として、日本人の「積極的無常観」を指摘する（『読売新聞』二〇一四年一月一二日）。しかし、いかなる「無常観」であれ現実には、舛添知事がどのようなシナリオを描こうが、一年間の国家予算に匹敵する天文学的な被害が発生する中で、オリンピックの遂行など不可能なことは、火を見るより明らかであろう。

実は、安倍首相の私的諮問機関である「安全保障と防衛力に関する懇談会」の第一回会合（二〇一三年九月一二日）に外務省が提出した資料（「我が国を取り巻く外交・安全保障環境」）においても、「今後南海トラフ巨大地震や首都直下型地震が発生する可能性が懸念」と特筆して警告が発せられているのである。それではなぜ、安倍首相は東京オリンピックの実現に向けて邁進したのであろうか。支離滅裂と言う以外にない。

さらに問題は、政界やメディアである。東京オリンピックと首都直下型地震がおよそ両立し得ないことは、冷静に考えれば、誰が見ても明らかなところであろう。ところが、いかなる政党も、いかなる主要メディアも、この問題を正面から問おうとしてこなかったのである。仮にそれが、「五輪ナショナリズム」を背景に、「非国民」とか「売国奴」といった非難を受けることを恐れているのであれば、戦争に向かう大きな流れに抵抗するどころか、逆に煽りたてる役割を演じた戦前の場合と、構図としては全く変わらないのではなかろうか。

仮に、今後六年以内のどの時点であれ直下型地震が発生するならば、一九四〇年と同じく「幻の東京オリンピック」となることは間違いないであろう。逆に言えば、二〇二〇年までに首都直下型地震が絶対に起こらないという客観的で科学的なデータが存在しない限りは、今からでも遅くはないから、一日でも早く「二〇二〇年東京オリンピックの返上」に動くべきではなかろうか。

この〝英断〟こそ、「無常観」から脱し、日本が国際社会に対して誠実に果たすべき責任ではなかろうか。そして、東京オリンピックにかかるであろう巨費を、「首都機能の分散」や東北の復興、フクシマへの対策などに、急ぎ投じるべきである。

さらにこの問題は、「国家の安全保障」の観点からも緊要なはずである。安全保障政策の司令塔を担う国家安全保障会議が拠点とする「内閣府別館」が耐震に脆弱性があるという問題(『産経新聞』二〇一四年六月一六日)は別として、安全保障にかかわる中枢機能が東京に集中し過ぎているという問題は、首都直下型地震を想定するとき、誠に由々しき事態と言わねばならない。安倍政権が推し進める国家安全保障政策にとっても、「分散化」を急ぐことは喫緊の課題であろう。

第 *II* 部

憲法改正と安全保障

日本国憲法の公布文の上諭に署名する昭和天皇
（1946 年 10 月 29 日，写真提供：毎日新聞社）

第一章　憲法改正案の系譜

1　「終わらない戦後」の検証

日本の長い戦後

もう「戦後」を終わらせたいという願望は、だいぶ前から日本の指導者の心底に宿っていたのだろうか。中曽根康弘首相は「戦後政治の総決算」を掲げ、いま安倍首相は「戦後レジームからの脱却」と唱える。

関東大震災のあと、関東では「震災後」がかなり膾炙した言葉になったようだが、それはあくまで社会的事象として一時期の一地域の用語に終わったようだ。今回の東北地方の大震災も、原発事故という前代未聞の経験があったが、「戦後」を終わらせる政治の画期にはなっていない。

多くの国は、われわれとは異なり「戦後」のあとにいくつかの戦争を経験してきた。従って、われわれと違って「戦後」とは言わず、「第二次大戦後(Post-WWII)」を使うという。

あるいはまた、「平和国家」と言いつつ、ここ十数年「平和ボケ」「一国平和主義」と言われて、「平和」は非難の対象になってきた。「戦後」と「平和」、この二つの言葉の共通項から「日本国憲法」が浮かび上がってくることは、誰しも否定できないであろう。

いまだ、「戦後」が続いているということは、日本では「あの戦争」のあと、七〇年近くいまだ戦争をしていないということでもあり、これは世界に誇るべきことだ。その意味では「戦後よ永遠なれ」である。

何を終わらせなければいけないのか、何を終わらせてはいけないのか

しかし、世界を見渡すとき「戦争」そのものは、いまだ、なくなっていない。「戦後」どころではない、「戦中」の国がたくさんある。ところが、他国の平和に協力する義務があることは多くの人々が認めるとしても、いかなる手段で平和を生み出すのか、その解答は日本だけではなく、多くの国々の課題になっている。

日本では「平和」を正面から否定する人はまずいないであろうが、「平和国家」を望みつつ、「軍備による平和」や「外国からの侵略の危険」を感じている世論は、この国ではいまや圧倒的多数である(内閣府による『世論調査報告書平成二四年一月調査』)。

現状では「終わらない戦後」は厳然たる事実であり、その一方で日本は新たな戦争はしておらず、平和憲法は続いているが、一貫して政府自民党によって「戦後」と「平和憲法」は批判され続けてきている。しかし、問われているのは、何を終わらせ、何を終わらせないのかということであり、われわれは、それに対する回答をどう出してきたのか、われわれはどういう戦後認識を持たなければならないのか、そのためにいかなる憲法認識が形成されてきたのかを再考しなければならないのかと考えるのである。

2　押しつけ——イデオロギーから実証へ

歴史を見直せば

憲法が誕生してから半世紀をだいぶ過ぎているにもかかわらず、「憲法は米国がつくった」とか、「押しつけられた」との言説が後を絶たない。研究者による事実の解明が年々積み上げられているにもかかわらず、である。

米本国政府が、あるいは国務省が憲法改正案の原案にかかわっていたという事実は、どこをどう探しても出てこない。国務長官が、原案はGHQ(連合国軍最高司令官総司令部)がつくったことを記者会見で知らされて驚いたという事実がすべてを物語っている。米国がつくったと言いつつそれに対してなんの証明もできず、自己のイデオロギーに見合った結論だけを力まかせに拡散させている不道徳な言辞はそろそろやめるべきではないのか。

憲法改正案の原案は、米国ではなくGHQの手によるものであり、GHQの独断によって急遽、作成されたのである。しかしそれは天皇制を象徴として残し、そのために戦争を放棄する条項を加えて初めて成立した。憲法制定過程の際に首相を務めた幣原喜重郎は、枢密院でつぎのように述べている。マッカーサーによって天皇制が保持されたことは、「日本の為に喜ぶべきことで、若し時期を失した場合には我が皇室の御安泰の上からも極めて懼《おそ》るべきものがあったように思われ危機一髪とも云うべきものであった」と。

それればかりでなく、米国務省は独断専行したマッカーサーを説得する目的で、ノースウェスタン大学の政治学者ケネス・コールグローブを日本に送り込んだ。それほど、マッカーサーの政治手法に不満をもっていたのである。ところが、来日してみると、GHQの憲法改正案に基づく日本政府案は、思いのほか当時の多くの有識者から歓迎されていたのである。そこで、コールグローブは納得して帰国し、トルーマン大統領に手紙を書き、マッカーサーの計画は、「民主的憲法を最も短時間で採択しようとする正しい計画を持っている」と報告していたのである(古関彰一『日本国憲法の誕生』岩波現代文庫、二〇〇九年、二五三頁以下)。

「押しつけ」になぜ反対しなかったか

あるいは「押しつけ」論も、次の数行を確認するだけでも、単純に「押しつけ」などと言えないはずである。日本政府がGHQの憲法改正案を参考にして草案の概要を発表した際に、二大保守政党の自由、進歩両党は、政府の草案要綱に「原則的賛成」を表明し、なかでも自由党は「これはわが自由党が発表した憲法改正案の原則と全く一致する」と述べていた。自由党の改正案は、明治憲法そのままに「天皇は統治権の総攬者なり」とあり、「憲法改正案の原則とまったく一致」していないにもかかわらず、涙ぐましい努力をして、自党の正当性を主張したのであった。しかもその後、帝国議会では共産党を除き全員一致して憲法改正案に賛成票を投じているのである。こうした事実を前にどうして単純に「押しつけられた」と言えるのであろうか。

もちろん、「押しつけ」を主張する人々は「当時は占領軍の圧力があったから自由にものが言えなかったからだ」と抗弁するに違いない。しかし、銃剣をもって押しつけられたわけではない。納得できなければ、反対すればよかったのである。それこそ政治家の役割ではなかったのか。たとえば、憲法学者の美濃部達吉は枢密院顧問として敢然と反対した。それがなぜ他の政治家にはできなかったのか。あるいは、なぜしなかったのか。

『第九十回帝国議会衆議院　帝国憲法改正案委員小委員会速記録』(現代史料出版、二〇〇五年)を見ると、この委員会は当時「秘密会」であり、公開されたのはなんと一九九五年のことであるが、犬養健(進歩党)は当時日本政府が嫌っていた「主権」を憲法に明記する問題で、GHQとの関係をはっきりとこう述べている。「関係方面と屡《しばしば》折衝がありまして、強い要求があったのであります」と。つまり、憲法の政府案の審議のなかで、「関係方面」という当時の常套句であるGHQの要請があったことは、議員同士では知られていたのである。その時の政府の憲法改正案は「国民至高」というあいまいな表現であり、GHQに指摘されてそれが「国民主権」になったことは、いまから見ても当然であり、それは「押しつけ」ではなく、当時の議員がGHQに正当な抗弁ができなかった、あるいは近代憲法を理解する能力を持っていなかったがためにすぎなかったのではないか。

今日の外交交渉でもよくあることだ。そこには「力関係で負けた」という場合もあるが、この場合は、GHQとの憲法論議に敗退したと言うべきであろう。

なぜ、再軍備を待っていたのか

それればかりではない。日本占領の政策を決定する権限を持つ極東委員会（FEC）は、一九四六年一〇月に日本政府に宛てて、憲法を「日本人民ならびに国会の正式な審査に再度付されるべき」ことを伝え、マッカーサーも吉田茂首相に書簡を送っている。この憲法再検討文書は新聞でも報道され、改正試案すら出されていた。ところが、吉田は国会で「その件は存じません」と述べていたほどである。

さらに、四八年になると新聞は、憲法再検討について「技術的な小問題」（毎日）、「憲法の理念を国民に普及する機会」（朝日）と報じ、憲法学者の佐藤功は、憲法の持っている原理は「不動なもの」（『中央公論』一九四九年五月号）とすら表現している。

つまりここからはっきりしてくることは、四九年頃まで、憲法改正は、吉田首相も含めてどの政治家も、国会でも、マスコミでも「押しつけ」も含めてまったく議論の対象にすらならなかった、ということなのである。

その後、占領終了発効直前の五二年に、総合雑誌の『改造』が「占領下日本の秘史の秘史」という特集を企画した。その時は、タイトルからも明白のごとく憲法が「秘密裏」にGHQの原案を基に作成されたことは、はっきり書かれているが、いわゆるそれが「押しつけ」であったとの指摘はされていない。もちろん、講和条約が発効した五二年の時点でも改憲は争点になっていない。

こう見てくると、「押しつけ」論が生まれてくるのは、占領軍が撤退して三年ほどたった一九五四年頃から、つまり自由党を中心に保守政党が憲法改正を志向しはじめ、自衛隊が発足して再軍備が取り沙汰された頃からである。それまでは、「押しつけ」はまったく問題にならず、あえて言えば保守政党も含めて、この憲法以外に道はないと諦め、「押しつけられたことを喜んでいた」のであった。つまり、再軍備を待って、換言すれば米国政府の政策転換を待って憲法改正が必須の政治課題となり、そのなかで憲法改正の手段、口実として「押しつけ」が、まるで雪辱戦を迎えたごとく叫ばれることになったのである。

さらに、その後にあっても、憲法制定過程でGHQと議論を重ねてきた幣原喜重郎や吉田茂などは、GHQの憲法改正案が提示される前の政府の憲法構想がGHQの案と比肩できるもの、あるいは論破できるものではなかったことを十分知っていた。つまり、このGHQとの憲法論議は日本政府の「理念の敗北」であることをよく知っていたのであろう。従って、幣原や吉田は「押しつけ」論に与していない。

それに比して、鳩山一郎や岸信介に代表される人々は、改憲を唱道し、「押しつけ」を叫んだが、これらの人々は、日本政府が憲法制定過程にあってGHQと議論を重ねていた時には、政治の現場にはいない。あのGHQとの厳しい憲法論議を経験していない。彼らは、ある人は公職から追放され、またある人は戦争犯罪人として刑に服し、幣原、吉田などとはまったく別の世界にいたのである。

吉田のごとく、ＧＨＱと何度も議論してきた人々は、「押しつけ」の側に立っていない。知らなかった人々(巣鴨プリズンにいた岸など)が、その後、政治の場に復帰し、再軍備とともに「押しつけ」を叫びだしたのである。

憲法九条と天皇・沖縄

戦争の放棄を定めた憲法九条が、誰によって、なぜつくられることになったか。憲法学者や歴史家の多くは、時の首相幣原と連合国軍最高司令官のマッカーサーの「合作」だと言っている。

その理由は、幣原がマッカーサーに会った時、幣原が「戦争の放棄」を提案していたためだと言われる。あるいは、マッカーサーも『マッカーサー回想記』(朝日新聞社、一九六四年)で、九条の発案は幣原だと書いているからだ、と言われている。

しかし、幣原・マッカーサー会談のあとに幣原の下で作られた事実上の政府案である「松本案(憲法問題調査委員会委員長松本烝治の下でつくられた)」では、戦争の放棄には全く触れていない。そして、ＧＨＱの憲法改正案が政府に伝えられた時は幣原はその内容に衝撃を受けうろたえていたのである。その後、幣原の枢密院や議会での発言からは、ＧＨＱの改正案が天皇の地位を認めていたことに「安堵」したことがたびたび示されている。

長い間、憲法の制定過程研究は憲法のみを対象にして制定過程を考えてきた。しかし、その時、つまりGHQが自ら憲法改正案の起草に入った頃は、同時に東京裁判において検察が被告人選定にあたっていた時でもあることを、筆者も含めてほとんどの研究者が考慮に入れていなかったのである。

第二次大戦で日本と戦った連合国の多くの国々は、東京裁判で天皇が起訴されるべきだと考えていた。しかし、マッカーサーは、天皇制を残す憲法をつくることを望んでいた。ただし、天皇制をそのまま残すことには連合国の賛同を得られないと考え、政治権力を持たない「象徴」としての地位と引き換えに、軍事戦略として日本が二度と戦争をしない保障として「戦争の放棄」を憲法で定めることを考えたのである(通称「マッカーサー三原則」)。

憲法制定当時の内閣法制局長官だった入江俊郎が、その後の内閣の憲法調査会で証言しているごとく、「天子様を捨てるか、捨てぬかという事態に直面してわれわれはやむなく司令部(GHQ)の「司令部」の(憲法改正)案を承認したわけである」と述べていることからも明らかなように、GHQの憲法改正案を受け入れた最大の要因は、天皇の地位が保持されることであった。

しかし、軍人であるマッカーサーが戦略を考えずに「平和憲法」をつくるはずはない。マッカーサーは、天皇を政治権力を持たない「象徴」として残し、本土に戦争放棄と戦力不保持の憲法を制定し、これによって連合国の合意を得、そのうえで沖縄を米軍の強固な軍事基地にすれば、外国――当時はソ連であった――が日本本土に侵略しても、沖縄から米空軍を発動して本土の平和は護れると考えていたのであった。

マッカーサー自身、憲法施行の翌年、日本の再軍備を目指して来日した米国務省と国防省の高官に対し、沖縄を要塞化すれば「日本の本土に軍隊を維持することなく、外部の侵略に対し日本の安全を確保することができる」と述べていたのである(古関『「平和国家」日本の再検討』岩波現代文庫、二〇一三年、二一一頁)。

こうした「戦争の放棄」に対する著者のような見方は、一般に受け入れられていないが、かといって実証的な反論があるわけではなく、また「戦争の放棄」がいかなる理由で誕生したか、といった実証的な論証がほかにあるわけではない。

「あの戦争」をどう見たか

戦争の放棄を当時の国民はどう考えていたのだろうか。憲法が生まれる以前には、国民のみならず政治指導者も「戦争の放棄」などという言葉すら聞いたことも、考えたこともなかったと言わざるを得ない。そればかりでなく、GHQの憲法改正案が秘密だったことは事実だが、「戦争の放棄」はこの段階では世論調査の項目にすらなっていない。指導者のなかで「戦争を放棄すべきだ、戦力を持つべきではない」などといった主張がされていたこともいまだ知らない。

あれだけの戦争を体験して「戦争は二度とご免だ」と戦争を嫌悪したことは当然だろう。であるから、GHQの改正案を基にした政府の憲法改正草案要綱に触発されて「これはいい!」と考えた国民が多くいたことは事実であるが、憲法改正草案要綱が公表される以前の国民がそう考えていたと実証できる証拠はないのである。

あるいはまた、憲法施行一年後の一九四八年に政府は新たな祝日法を定めるために世論調査を行っているが、これを見ると、「残しておきたい戦前の祝日」の第一は、元旦の「歳旦祭」で九二・一%、二番目は、天皇誕生日の「天長節」で九一・三%、三番目は、建国記念日の「紀元節」で九八・〇%とあり、圧倒的多数の国民の支持を得ている。これに対し、『平和祭、平和記念日」は、世論調査の選択肢にもならず、政府の調査案の候補に挙がったにすぎず、実施日が「月日未定」とされていたほどである(古関『日本国憲法の誕生』、三四九頁以下)。

「あの戦争」と「戦争の放棄」

にもかかわらず、憲法九条はなぜ、あのような徹底的な平和主義を規定することになったのか。よく日本国憲法が多くの国々の憲法と異なって、憲法九条で戦争放棄(一項)と軍備不保持(二項)のみならず、平和的生存権(前文)も含め徹底的な平和主義を定めている、と「誇り高く」言われてきた。しかし、そういう憲法を「誰がつくったか」はある程度の人にはよく知られているとしても、なぜヨーロッパの憲法のように「征服戦争の禁止」や「侵略戦争の禁止」などと限定せず、あのような世界に類例のない徹底的な条文を持つ憲法を起草したのか、ということは説明できないだろう。

それは、戦争責任があると多くの連合国が考えていた天皇と天皇制を護るためには、「世界に類例のない徹底的な平和主義」、「戦争の放棄」と「戦力の不保持」の憲法が必要であった、と考えざるを得ないのではないか。つまり、マッカーサー構想以外には考えられない現実があったにもかかわらず、国民意識は言うまでもなく、政府要人も、政治家も、マスメディアも、識者も、そうは見てこなかったのである。その最大の理由は、私たちは天皇制を残すことになぜ国際社会がこれほどまでに厳しい視線で臨んでいたのか、換言すれば、「あの戦争」のもった「この戦後」の重みを熟知することなく、「平和主義」だけを都合よく受け入れてきたところにあるのではないか。

マッカーサーがGHQの部下に示した憲法起草のための三原則は、①天皇は最高位にあること、②戦争は放棄すること、③封建的な制度を廃止すること、であった。それに対し、私たちはあらゆるところで、日本国憲法の三原則は、①国民が主権者であること、②人権の尊重、③戦争の放棄であると教えられてきた。この落差を考える必要がある。

もちろん筆者も日本国憲法の三原則が憲法解釈として上記のようであることは当然かつ妥当だと考える。しかし、憲法起草の意図に天皇の地位を残すことが第一に挙がっていたことを忘却の彼方に置き去りにして、天皇制がもつ日本国憲法への根元的問題を等閑視してきたことは、時間の経過とともにその重大性を感じざるを得ない現実を迎えている。

それはその後、昭和天皇が吉田首相とともに米国との間に講和・安保条約をめぐって「二重外交」を繰り返していたこと(豊下『安保条約の成立』一八七頁以下)、沖縄基地問題など、日本国憲法の根元に横たわる「戦争の放棄」と「沖縄差別」、そして「戦争責任・戦後責任」の問題であるのだ。

平和憲法を単に「誇り」としてのみ認識するのでなく、その陰で忍従を強いられている沖縄を意識に取り込み、かつ憲法九条を「世界に類例のない徹底的な平和主義の憲法」と絶賛するのみでなく、「徹底した平和主義を掲げたことによって天皇の地位が守られ、沖縄の基地があった」と認識すべきではないだろうか。

3　いつに変わらぬ憲法改正内容

最初の憲法改正表明

一九五五年一一月に、分裂していた社会党が統一して、自由民主党も同月に自由党と民主党が合同して、新たな政党を結党した。「五五年体制」の発足である。翌月一二月に最初の自民党総裁である鳩山一郎は、最初の所信表明演説で憲法改正を取り上げ「真の独立国家に立ち返らせるために……憲法を国民の総意によって自主独立の態勢に合致するよう作りかえることが大切である」と憲法改正の必要を表明した。

翌五六年七月には、自民党としては最初の参議院選挙を迎えることになった。しかし、この選挙において、自民党は選挙公約に「憲法改正」を加えることを避けた。そうしたなかで当時野党第一党の社会党は、憲法改正に反対して「憲法擁護」を掲げ、両勢力が対立することになった。こうして「改憲・護憲」の対立が生まれることになった。

自民党は改憲を明確にしなかったが、マスメディアなどもこの選挙を「改憲と護憲」の選挙と位置づけ、護憲派も選挙を通じて「護憲」を強く主張した。選挙の結果は、護憲政党が改憲手続きを阻止できる参議院議員の三分の一を超える議席を確保し、改憲は不可能となった。

この時、岸信介自民党幹事長の下で、憲法改正が不可能となったことがのちの自民党のトラウマとなり、六〇年後も安倍晋三総裁が「国会議員の三分の一をちょっと超える人たちが反対すれば、指一本触れることができない。これはおかしい」と説いているのかもしれない。

最初の憲法調査会

そこで、まず憲法調査会を議会のなかに設置することを試みたが不可能だったため、一九五六年に与党・自由民主党の内閣に設置することとし、自民党の岸信介の提案で憲法調査会法が衆議院に提出され、同年六月に憲法調査会法が成立した。これに対し社会党は衆参両院で反対した。

調査会の委員の定数は国会議員三〇名、学識経験者二〇名としたが、社会党は委員に入ることも拒否した。その結果、自民党所属の議員一八名、緑風会二名、学識経験者一九名、合計三九名で、社会党が委員に加わることを拒否したまま発足した。

こうした社会党の強い反対があったため、法案成立後二年遅れて一九五七年八月に、ようやく第一回総会を開くことになった。実質的な委員は、社会党の委員を除いたこともあり、国会議員と学識経験者がほぼ同数となった。国会議員のほとんどが自民党所属の議員で、学識経験者も顔ぶれを見たところ極めて保守的な委員が多かった。

結果的には七年間という長期間にわたっての審議となり、一九六四年に最終報告書が提出された。報告書は一〇〇〇頁を超える膨大な内容であり、最後に「改正の要否」を論じているが、ここでは結論にあたる「総説」部分を紹介してみる。

調査会報告書は、「日本国憲法は改正を要するとする見解が多数の見解であり、改正を要しないとする見解は少数の見解である」としつつも、「広い範囲にわたる改正の主張も、現行憲法の基本原則、すなわち、たとえば、国民主権・民主主義・平和主義・基本的人権尊重の原理そのものは維持すべきであるとするものであり、現行憲法を全面的に変更するものではないと主張される場合が多い」と、改正に対して賛成・反対の両論を併記した。

報告書を提出した後、調査会会長の英米法学者の高柳賢三は、「最終報告書は、改憲の是非ということについて調査会としての何らの結論も出さず、両論とその論拠、また考え方の差異を併記し、そのいずれが正しいかは、国民の判断にまつという基本的態度を堅持している」(憲法調査会「憲法調査会報告書」『法律時報』一九六四年八月号臨時増刊)と述べている。

調査会では、GHQで憲法草案を起草した中心人物の一人のマイロ・ラウエルが所蔵していた文書(高柳賢三ほか編著『日本国憲法制定の過程』有斐閣、一九七二年)が提出され、自民党政府ばかりでなく学術的にも質的にも、その後の自民党や衆参両院の「調査会」と比べて比較にならないほど貴重な内容となった。

しかも、この憲法調査会はそもそも改憲を目指して自民党を中心に設置され、護憲勢力が委員に参加していなかったこともあり、報告書が出た当時、自民党は当然のこととして「憲法改正を是とする」との結論が出されるものと予測していたのであった。ところがその「予測」は完全に覆されたのである。

考えてみれば、この時からすでに四十数年の歳月が流れている。しかし、自民党はあれから四十数年、変わることなく一貫して憲法改正を叫び続けてきた。もちろん、憲法改正を主張すること自体はなんら批判されるべきことではないだろう。ところが自民党の場合は、選挙で、あるいは憲法調査会でも憲法改正が否定されたにもかかわらず、毎度変わらぬ内容の改憲論――軍隊の合憲化、人権制限、天皇制の強化――をしつこく、しかも三点セットで叫び続けてきたのである。これこそあえて名づければ、「改憲原理主義」の出発点であったと言い得よう。

4　自民党憲法改正草案の内容

二〇一二年改正草案

そもそも今回の自民党憲法改正草案の前に、二〇〇五年の新憲法草案があった。それは言うまでもなく、自民党結党から五〇年目の年にあたっていたからである。それから七年、まさに民主党政権末期の二〇一二年四月に再改正案が発表された。今回の改正草案は、その内容のあまりの凄まじさに唖然とするが、二〇〇五年の新憲法草案の中心にいた舛添要一によれば、一二年改正草案は「右派色の濃い」、しかものちに幹事長の石破茂も「審議には加わっていない」というものである(舛添要一『憲法改正のオモテとウラ』講談社現代新書、二〇一四年、一一〇頁)。

今回の二〇一二年の憲法改正草案は、当然指摘しなければならない点が多々あるが、ここでは、人権、家族、環境権のみを扱う。今回の自民党の憲法改正草案が日本国憲法の骨格を形成したGHQの憲法改正案の章別とほぼ同様であることと、最近話題の憲法改正手続の改正の指摘については割愛した。〇五年の新憲法草案にもなかった国家緊急権が加わったことは、明治憲法ですら人権の章の最後の条文であったことを考えると驚かされる(国家緊急権が加わったことは、水島朝穂「緊急事態条項」奥平康弘ほか編『改憲の何が問題か』岩波書店、二〇一三年)。なお、「国防軍」規定は次の章で扱う。

日本国憲法の前文には、「全世界の国民が、ひとしく恐怖と欠乏から免かれ、平和のうちに生存する権利を有する」と定められている。この「平和のうちに生存する権利」は、いまや国連の文書にも登場しているが、自衛隊を違憲とした札幌地方裁判所の長沼ナイキ基地訴訟の判決にも取り入れられた。今回の自民党憲法改正草案はこれを全面的に削除した。

現憲法は、自国の歴史を反省して「自国のことのみに専念して他国を無視してはならない」と謳っているが、こうした理念を否定したのかどうか、必ずしも明確ではないが、改正草案は「美しい国土と自然環境を守」るとしている。そのこと自体なんら問題でないように感ずる人も多かろう。しかし、考えてみていただきたい。この世界には、私たちの価値観から考えると「美しい」とは言えない自然環境の下で必死に生きている人々が無数にいるのである。しかもその人々は、自分の国は美しいと思い、誇りを持って生きている。日本語でも「住めば都」という言葉がある。これぞ自民党の憲法改正草案が日本国憲法から削り取った「自国のことのみに専念して」いることへの無自覚な貧しさ以外の何物でもないだろう。

さらに、改正草案が「基本的人権を尊重するとともに、和を尊び」としているが、読者はこれをどう読んだであろうか。まず気づくことは、「基本的人権の尊重」という近代憲法の法理念と、「和を尊び」という、誰でも思いつく聖徳太子の「十七条の憲法」の理念である「和を以て尊しと為す」という道徳的価値とを張り合わせていることである。憲法前文は法的理念を掲げる場であり、道徳的理念を翳《かざ》す場ではないはずである。

たしかにいまや「個人中心主義」が批判されているが、それは「和(harmony というより、実際には groupism)」への回帰、一昔前は「滅私奉公」と言われた道徳観への回帰によるのではなく、「個人(individual)」を掲げつつ、「共同(community)」をどう再興していくのか、アメリカなどでだいぶ前から言われている「共同体主義(communitarianism：コミュニタリアニズム)」の視点から考えるべき問題だろう。

それにしても、歴史観がどこにも見られない。国民が自国に誇りを持つことは結構だが、その「誇り」には、民主主義の憲法をつくるのであるから、自国民がいかに民主主義のためにどんな歴史をつくってきたのか、何を誇りとし、何を反省して、現代日本があるのかという歴史観が全くないのである。

明治憲法あるいは日本国憲法をどう評価するのか、あるいは戦争や侵略戦争に対する戦争責任を、さらには日本を豊かにした高度経済成長政策と公害の関係を、いかに総括するのかという視点こそ求められているのではないのか。「美しい日本」と「和の精神」という子どもじみた観念論。こんなことで、保守政党・自由民主党(ＬＤＰ：Liberal Democratic Party)として、日本の近代を必死に生きてきた先人の労苦に報いることができると思っているのだろうか。日本近代一五〇年の歴史観と次代を生きる若者への贈る言葉がまったく感じられないのである。

留保条件ばかりの人権条項

自民党の憲法改正草案を読んでみると、人権条項に留保条件が多すぎることに気づく。「公益及び公の秩序に反してはならない」などと、法律でいかようにも規制することを可能にしている。

たとえば、日本国憲法の一二条は「この憲法が国民に保障する自由及び権利は、国民の不断の努力によつて、これを保持しなければならない。又、国民は、これを濫用してはならないのであつて、常に公共の福祉のためにこれを利用する責任を負ふ」との規定になっている。自民党の憲法改正草案の一二条の前段部分は「この憲法が国民に保障する自由及び権利は、国民の不断の努力により、保持されなければならない。国民は、これを濫用してはならず」と日本国憲法とほぼ同様の規定であるが、その後の後段では「自由及び権利には責任及び義務が伴うことを自覚し、常に公益及び公の秩序に反してはならない」と続く。「公益及び公の秩序」のために、いかようにも外在的・全般的に権利内容を規制できる規定になっており、前段の「自由及び権利」に後段では「公益及び公の秩序」という広範かつ曖昧な限定が加えられている。

この一二条は、いわば権利規定の総論的規定である。その後の具体的な規定、たとえば、日本国憲法二一条は「表現の自由」を定めているが、一項で「集会、結社及び言論、出版その他一切の表現の自由は、これを保障する」と定め、二項で「検閲は、これをしてはならない。通信の秘密は、これを侵してはならない」としている。

これに対し、自民党の改正草案は、日本国憲法の一項、二項はそのままで、一項の後に二項を新設・追加して、「前項の規定にかかわらず、公益及び公の秩序を害することを目的とした活動を行い、並びにそれを目的として結社をすることは、認められない」としている。

実は、明治憲法で「表現の自由」を定めた二九条は「日本臣民ハ法律ノ範囲内ニ於テ言論著作印行《いんこう》集会及結社ノ自由ヲ有ス」と定めていた。これ以外の「検閲の禁止」に関する条文はなかった。というのは、「法律ノ範囲内」で表現の自由を認めたことになっているから、憲法の下にある法律で検閲を行える規定をつくれば、いかなる検閲も可能であり、現にこうした検閲を通じて、たとえば治安維持法のような「悪法」を通じて表現の自由を制限してきたのである。

そこで、戦後改革の一環として憲法改正にあたったGHQの憲法改正案では、表現の自由を「法律の範囲内」などという制限をつけずに、「一切の表現の自由は、これを保障する」とし、二項で「検閲はこれをしてはならない」との規定を加えたのである。明治憲法下で「検閲」によって、たとえば図書や雑誌などによって政府が「事前検閲」を行い、政府にとって不都合な部分を「××××」にし、ときには全面禁止にして読者に表現が伝わらないように規制してきたことをGHQ高官が知っていたからであった。

しかし、このGHQ案を見た日本政府側は「検閲は法律の特に定むる場合の外之を行うことを得ず」との政府案をつくった。まさに、形は違っても「法律の定むる場合の外」とあることから明治憲法と変わらない規定を加味したのである。これに対しGHQで憲法改正を担当していた民政局のチャールズ・ケーディスは、折衝にあたった法制局の佐藤達夫の記録によると、「マ〔ッカーサー〕草案では〔検閲は〕絶対禁止になっているけれども、Obscene picture（わいせつ図画）などに対しては、日本案のように、法律による例外を認めておく必要があると思う」と佐藤達夫が提案したのに対し、「先方は、乱用のおそれがあるからということで応じなかった」という(佐藤達夫『日本国憲法成立史　第三巻』有斐閣、一九九四年、一一二一頁)。

たしかに合衆国憲法も修正第一条後段で明確に「言論または出版の自由、平和的に集会し、苦情の救済を求めて政府に請願する人民の権利を縮減する法律を制定してはならない」と法律による制限を明確に禁じているので、GHQの幹部が「法律の定むる場合の外」という限定を拒否したことは当然のことであっただろう。

日本でもたとえば憲法学者の芦部信喜は、「憲法二一条二項の『検閲の禁止』の原則は、明治憲法時代の経験を踏まえて、それを確認したものである」(芦部信喜『憲法　第五版』岩波書店、二〇一一年、一九〇頁)と指摘している。

「それではポルノは野放しでいいのか」という罵声が聞こえてくるが、それこそ自民党の改正草案のごとく「公益及び公の秩序」などという広範で一般的な限定をつけることは、「乱用のおそれがある」から、このような限定は設けるべきではなく、ポルノなどが人権侵害に該当すると判断した場合には、その事実を個々具体的に裁判所が判断する、そのために裁判所が存在するのではないのか。

こう見てくると、自民党の改正草案は人権規定を「戦前レジーム」へと後退させるものだと言わざるを得ないだろう。

家族が国家に命ぜられる人権条項

そもそも、二四条の「家庭内における男女の平等」という考え方は、明治憲法は言うまでもなく、その後の政府の憲法改正案でも、全くなかった条項である。

こうした考え方を憲法に持ち込んだのは、GHQで人権条項を起草したベアテ・S・ゴードンであった(N・アジミ、M・ワッセルマン『ベアテ・シロタと日本国憲法』岩波ブックレット、二〇一四年)。ベアテの起草した草案は、日本国憲法二四条一項の「婚姻は、両性の合意のみに基いて成立し、夫婦が同等の権利を有することを基本として、相互の協力により、維持されなければならない」と定めた条文の骨格をつくった。

これに対して、自民党の改正草案は、先の二四条一項はほぼそのまま残して、これを二項として、あらたな一項を加えている。それは、「家族は、社会の自然かつ基礎的な単位として、尊重される。家族は、互いに助け合わなければならない」としている。

わかりやすい比較をすれば、日本国憲法では「協力・維持」の主体は「婚姻」であるのに対し、自民党の改正草案では「互いに助け合う」主体は、「家族」である。「婚姻」と「家族」。小さな違いであるので、「協力」や「助け合う」内容もさして違いがないように思う向きもあるかもしれない。しかし、あらためて考え直してみると、ことはそう単純ではない。

「婚姻」(結婚)とは、「両性の合意」に基づいている。従って、「相互の協力により、維持されなければならない」と両性に協力と維持を義務付けても問題ない。これに対して、「家族」は、親子であれ、兄弟姉妹であれ、血縁関係ではあっても合意に基づいているわけではないのであって、「互いに助け合わなければならない」と義務付ける関係にはない。

たとえば、幼い子どもを持つ働く母親が、家族であるがゆえに「互いに助け合う」ことを義務付けられた場合、あるいは高齢の親を自宅で介護できない子どもが、家族であるがゆえに「互いに助け合う」ことを義務付けられる場合を考えてみたい。親の場合も、子の場合も相互の愛情で家族が助け合うことは、素晴らしいことであるが、それはまさに道徳的行為であって、これを法的に義務付けることによって、自ら養育し、介護しなければならなくなる。逆に、国や自治体の公的施設は保育園や介護ホームの設置を義務付けられることを免れることが可能になってしまう。

そもそも、日本国憲法の二四条は、夫婦間の男女平等を定めたものである。しかし、自民党の改正草案は、家族が国家に命ぜられて家族を維持するという、明治憲法下の「家」制度に近い制度を考えているとしか思えない。

日本国憲法は、近代憲法として個人中心主義を基本としている。そうはいっても、現実には、強く大きくなった社会、広い意味での「家族」からの「間接強制」は強く、しかもこの国には、いまだに「家」制度の残滓がある。たとえば長年にわたって非嫡出子の遺産相続を子の相続の半分とする規定が存在し続けてきた(民法九〇〇条四号但し書)。長い間にわたる訴訟を経て二〇一三年、最高裁は遂にこの規定を憲法一四条が定める「法の下の平等」に反すると違憲判決を下した。

この判決のなかで最高裁は、憲法とともに民法が改正された一九四七年以降「我が国においては、社会、経済状況の変動に伴い、婚姻や家族の実態が変化し、その在り方に対する国民の意識の変化も指摘されている」と述べ、詳細に「変化」の実態を指摘した。

つまり自民党は、改憲に踏み切った六〇年前より、長きにわたって「家庭基盤の充実」のための憲法改正を掲げ続けてきたが、今日の実態は、自民党自らが生み出した高度経済成長政策の申し子として、家庭を取り巻く環境は、自民党案を受け入れる余地がなくなってきていると言わざるを得ないだろう。

現状では意味のない環境権規定の新設

レイチェル・カーソン『沈黙の春』(新潮文庫、一九七四年。原著は一九六四年)が世界の注目を浴びたが、その時の中心問題はＤＤＴの散布であった。日本はその頃「環境」という言葉を使わず、「公害」という言葉を使っていた。日本の公害の最大のものの一つである水俣病の原因は水銀であった。七〇年代には豆腐などへの食品添加物のフリルフラマイド(ＡＦ２)が大問題になったこともある。ただこの時点では、いずれの場合も、発生源が特定でき、しかも発生源は一種類であった。

ところが、有吉佐和子の『複合汚染』(新潮社、一九七五年。その後新潮文庫、一九七九年)はその書名が象徴しているように、汚染源が二種類以上になり、しかも汚染対象が広がる様子を描いている。有吉佐和子はこの本の中で、突然、読者にこう呼びかけている。「これを読んで下さっている方々、お一人おひとりにおたずねいたします。いまこの本を持っていらっしゃるあなたのその手で、水を汚してはいませんか。あなたのお台所には中性洗剤が置かれていませんか。あなたは中性洗剤が猛毒だということをご存知ですか。」

この有吉佐和子の呼びかけは、まずこの段階で発生源は特定できるが、発生源を知らない不特定の市民が汚染を拡散させ、公害を「まき散らす」時代となり、しかもそれが複合化されはじめたという事態であった。

しかし、当時はその対象はせいぜい国内に限定されていた。しかし、いま対象は国内に限定できない時代になった。たとえば感染症などはその典型例である。鳥インフルエンザといういまや世界共通の環境問題である感染症は、国境をもたない。大気汚染の原因となっている粒子のPM2.5も気候変動も国境をもたない。「国境が大好きな」政府の国家安全保障政策によって、環境省のお役人が網を持って鳥を追いかけ、「強い国」をつくってみてもなんの意味もない時代を迎えているのである。

こうした事実があるにもかかわらず、自民党の憲法改正草案二五条の二を読んでみる。「国は、国民と協力して、国民が良好な環境を享受することができるようにその保全に努めなければならない」とある。「国は……その保全に努めなければならない」とあるが、それで鳥インフルエンザを収束させることができないことは明白である。たとえ収束したとしても、環境保護のために、あるいはそれによって被害を受けた人は、裁判所に誰が原告となり、誰を相手(被告)に、どこの裁判所に訴えればよいのであろうか。

国連気候変動に関する政府間パネル(IPCC)は、二〇一四年三月末に報告書を発表し、一八世紀半ばの産業革命から今世紀末にかけて、温室効果ガスを世界全体で大幅に削減できないと、平均気温が四度前後上昇すると予測した。四度の上昇で、穀物生産量は落ち込み、海水面は上昇し、氷は溶け出すという復元不可能な環境状況になるという。「我が亡き後に、洪水よ来たれ」などと嘯《うそぶ》いている御仁がいないことを祈るばかりである。

いまや、「国家がすべて」「国家、国家」という時代は、疾《とう》の昔に過ぎ去ったのである。

第二章　「国防軍」の行方

1　いま、準備されている戦争

もう、総力戦の時代ではない

今回の自民党の憲法改正草案の内容で、多くの国民の目をひいたのは、「国防軍」であろう。そもそも、私たちは戦争を知らない世代が圧倒的で、知っている世代は少数になり、しかもその戦争観は、自らが体験した戦争、国を挙げての戦争、つまり総力戦である。

これからそんな戦争はまずない、と筆者は断言する。あったら大変だ。世界中、米国もそんな戦争を準備していないのだ。これからは、戦争があったとしても「限定された戦争」であり、「低度の戦争」である。あのイラク戦争も、戦争そのものは短期間であり、その後は「占領」であった。米国が中心でない戦争、あるいは加わらない戦争もまずないであろう。国家と国家、なかでも先進国同士の戦争もまずないであろう。そんな準備、つまり仮想敵を先進国に求めての準備は、日本も含めてどこの先進国もしていない。

ところが、最近の世論調査を見ると、「自衛隊の防衛力は今の程度でよい」と考える意見が圧倒的で、「自衛隊が存在する目的」の第一は「災害派遣」で、八二・九％、第二は「国の安全の確保(外国からの侵略の防止)」が七八・六％(複数回答)である(内閣府『世論調査報告書平成二四年一月調査』)。それに比して、冷戦終結直後の一九八九年では、「軍縮努力は世界平和に役立っている」との回答は、六四・五％に上っていた(内閣府『世論調査報告書平成元年一月』)。最近の変化に驚かされる。

それでは国防軍とは、何をするのであろうか。よく自民党の幹部は「自衛隊と大差ない」と言う。たしかに、すでに有事立法はできている。有事法制は、われわれが、あるいはその先祖が経験した戦争と全く違う。有事法制は平時(平和時)から戦時へ円滑に移行できる体制である。従って自衛隊はすでに戦時の準備をしている。ところが、「開戦規定」はない。ところが自民党の改正草案には国防軍は「国民と協力する」とある。「国民と協力する戦争」などあり得ない。戦争は軍隊がやるものであり、国民が戦争に行けば国際法違反になる。あるいは「審判所」などという目新しい規定もあり、軍法会議を意味するという。軍法会議とはまさに戦前的用語で、軍事裁判所である。もちろん自衛隊にはない。

さて、この「国防軍」は何を準備しているのだろうか。

2 「国民と協力する」国防軍

なぜ、自衛隊ではなく国防軍にしたいのか

自民党の二〇〇五年の新憲法草案では「自衛軍」とあったにもかかわらず、今回の憲法改正草案では「国防軍」と変更した最大の理由は、「自衛戦争のための自衛隊」の否定を意味していると言わざるを得ないだろう。さらには、明治憲法は「陸海軍」と定め、一般には「帝国陸海軍」、さらには「皇軍」と称してきた。その流れで考えるとすれば「陸海空軍」を意味する。

しかし、もはや自衛戦争でも「明治の遺訓」を受け継ぐ時代でもなく、つまり、皇軍すら未体験の集団的自衛権の行使を考えればなおさらであり、かつ後述の米国の「国家安全保障法」「国家安全保障会議」を考えれば、米国流の名称と内容から考えたと見るべきだ。「米国防省」が念頭にあり、さらには今後の軍隊の「統合性」(後述)を考え、陸海空のみならず、「海兵隊」や「国際援助軍」「緊急展開軍」も統合(integrated)でき、柔軟性のある(flexible)組織を念頭に置いた名称だと見るべきだろう。

とはいえ、この国防軍にはあまりにも矛盾が多い。そこでここでは、「軍と国民」との協力、「軍と米軍」との関係、想定している「戦争」形態の三点について考えたい。まず「軍と国民」との協力である。改正案の九条の三では、「国は、主権と独立を守るため、国民と協力して、領土、領海及び領空を保全し」と定めている。ここに言う「国」とは、「国防軍」の意であろう。

たしかに、軍が国民に「協力」を求めることは一般的にありうることであるが、有事法制の中核にある武力攻撃事態法(二〇〇三年、正式名称は「武力攻撃事態等における我が国の平和と独立並びに国及び国民の安全の確保に関する法律」)では、「必要な協力をするよう努める」とあり、拒否できないという場合が多い(後述)。

さらに、すでにつくられている有事法制では「国民の協力」は、多用されている。たとえば、自民党が提案している「国家安全保障基本法案」は、四条の「国民の責務」で「国民は、国の安全保障施策に協力し、我が国の安全保障の確保に寄与し」と定めているし、周辺事態法(一九九九年「周辺事態に際して我が国の平和及び安全を確保するための措置に関する法律」)では「関係行政機関の長は、法令及び基本計画に従い、地方公共団体の長に対し、その有する権限の行使について必要な協力を求めることができる」とあり、さらに「前項に定めるもののほか、関係行政機関の長は、法令及び基本計画に従い、国以外の者に対し、必要な協力を依頼することができる」とある(九条一、二項)。「国以外の者」とは、いわゆる「民間人」、なかでも英米で既に広範に使用され、日本では『戦争請負会社』(P・W・シンガー、日本放送出版協会、二〇〇四年)などの書籍で知られている戦争の民営化(私営化=privatization)を予定しているのであろうか。日本の労働者が「自発的強制労働」に慣れ親しんでいることも考慮するべきだろう。

自民党が想定していると思われる戦争を考えると、戦闘区域での武力行使を念頭に置いていないというが、現実には「緊急避難」と称して戦闘区域に入ることが考えられ、戦闘区域で「国民と協力」して捕虜となった場合は「国民」は戦闘員=軍人ではないので捕虜としての保護すらも受けられない、つまり協力した国民は「何をされても保護されない」事態に遭遇しうるのである。

米軍の下での「後方地域支援」を含む「戦争」

たとえば、武力攻撃事態法には、「国民の協力」(八条)という条文があり、そこにはつぎのように書かれている。「国民は、国及び国民の安全を確保することの重要性にかんがみ、指定行政機関、地方公共団体又は指定公共機関が対処措置を実施する際は、必要な協力をするよう努めるものとする。」

ここに言う「指定公共機関」とは、「独立行政法人、日本銀行、日本赤十字社、日本放送協会その他の公共的機関及び電気、ガス、輸送、通信その他の公益的事業を営む法人で、政令で定めるものをいう」とのことである。つまり、武力攻撃事態に対しては、これら指定公共機関を考えれば、「国の総力を挙げて」ということであり、かつての「国家総動員法」である。

それでは「武力攻撃事態」とはいかなる場合なのか。その定義(二条)によれば、「武力攻撃が発生した事態又は武力攻撃が発生する明白な危険が切迫していると認められるに至った事態」を武力攻撃事態、「武力攻撃には至っていないが、事態が緊迫し、武力攻撃が予測されるに至った事態」を武力攻撃予測事態としている。いまや、北朝鮮の事態へのシミュレーションがさまざまに報道されているが、仮に、日本海側の沿岸に北朝鮮からの避難民が多数たどり着いたとする。武器を携帯していることもあろう。これを日本政府が「武力攻撃の恐れのある場合」と判断すれば、武力攻撃事態である。日本国防軍が対処規定に基づいてなんらかの武力行使をすれば、北朝鮮軍が当然に反撃を開始するであろう。

そうなれば、武力攻撃事態に対処するため、「アメリカ合衆国の軍隊が実施する日米安保条約に従って武力攻撃を排除するため」、まさに「日米同盟軍 対 北朝鮮軍(あるいは中国軍)」の「戦争(武力衝突)」となる。その際、周辺事態法では、自衛隊が行う「後方地域支援」は、米軍の「物品及び役務の提供、便宜の供与その他の支援措置」(三条一号)を行うことになっているが、憲法が改正され「国防軍」になれば、当然、「物品」は「武器」が主流に、「役務」は「軍務」が中心になるであろう。これぞ事実上の戦争である。

あらためて「戦争」の定義を

オランダのハーグで調印された「開戦に関する条約」(一九〇七年)では、「締約国は、理由を付したる開戦宣言の形態又は条件付開戦宣言を含む最後通牒の形式を有する、明瞭且事前の通告なくして、其の相互間に、戦争を開始すべからざることを承認す」(一条)とあり、開戦にあたっては「事前の通告」が義務付けられた。

事前通告なしの「不意打ち」の戦闘行為は「戦争」に該当しなくなった。さらに「陸戦の法規慣例に関する条約」でも、「締約国は、其の陸軍軍隊に対し、本条約に付属する陸戦の法規慣例に関する規則に適合する訓令を発するべし」(一条)と定め、陸戦の訓令を発する対象を「陸軍軍隊」に限定した。国際法上は「国民と協力して」戦争はできないのである。

つまり、戦争は政府が宣戦を相手国に宣言し、事前に通告しなければならず、しかも「陸戦の訓令を陸軍軍隊」のみに発しており、戦闘は一般国民は含まず、戦闘員のみに限ったことになる。しかもそれ以外の者が戦闘に加わる場合は「戦争」でない、それ以外の「紛争」となる。従って、非戦闘員(「民間人」とも言われる)が爆撃等にあった場合、「国際法違反」と言われるのはそのためである。

冷戦後も「戦争」が絶えないと言われるが、たしかに次項で触れるごとく、そのほとんどが国際法上の「戦争」ではなく、上記の手続きをとらないで戦闘行為(武力行使)を行った場合か、国家と集団、あるいは国内集団同士が行った紛争の場合である。

自民党の憲法改正草案は、驚くべきことに「開戦宣言」規定がないが、それはあとで論ずることにして、ここでは九条の三で「国は、主権と独立を守るため、国民と協力して、領土、領海及び領空を保全し」と述べている点を考えたい。この条文では戦争の場合かあるいは「国防軍」が加わる戦闘行為かに一切触れず、「主権と独立を守る」という抽象的な目的で、いかなる手段で守るのかをまったく示していない。たぶんその際は、「戦争」以外の「紛争」等となり、そこに国民動員がなされることを想定しているのであろう。

その場合、実は日本の「主権と独立を守る」という広い概念には、他国の紛争等が日本の「主権と独立」を脅かしていると政府が判断する場合も含まれていることを忘れてはならないだろう。たしかに、これからは「戦争」以外の戦闘行為を行うことが想定される。つまり、国民は、単純に戦争だけを、しかも半世紀前の第二次大戦のような、二度とない総力戦のことのみを戦争と考えず、こうした規定こそに目を向けるべきだろう。

「開戦規定」も「交戦規定」もない戦争

こう考えて、自民党の憲法改正草案を見ると、開戦規定も交戦規定も定められていないことを確認したい。と同時に先進国や隣国の開戦規定や交戦規定を検討してみたい。

どこの国でも、少なくとも先進国では、憲法で開戦規定を定めている。もちろん、国により開戦規定の表現上の違いはあるが、合衆国憲法(一七八八年)は、「戦争宣言」として議会にその権限を与えている(一条八節一一号)。これに対し、ドイツ基本法(憲法、一九四九年)は、開戦を「防衛出動事態」と定め「連邦議会が、連邦参議院の同意を得て、これを行う」(一一五a条一項)としている。

フランスは、開戦を「国の独立、領土の保全」などが「脅威にさらされた場合」として、「共和国大統領は諸措置を採る」(一六条一項)としている。大統領に開戦権限を与えているのは、韓国(一九八七年)も同様である。韓国憲法では「大統領は、宣戦布告および講和を行う」(四章政府の一章大統領七三条)とある(高橋和之編『新版 世界憲法集 第二版』岩波文庫、二〇一二年)。

たしかにこれらの国々の憲法は、開戦規定を定めているが、合衆国憲法を除いて、かつての憲法のごとくただ開戦規定だけではなく、第二次大戦後の憲法の特色として、「侵略戦争の否認」と「主権制限条項」を同時に定めていることを忘れてはならない。つまり、侵略戦争を否認することは、他国、なかでも近隣国に対して自衛措置を含む国家主権の制限に同意することを憲法上定めているということである。

欧州の先進諸国は、このような開戦・主権条項を定めているが、自民党改正草案はどう評価されるべきであろうか。

文字通り考えれば、開戦規定を持たないことは、自らの意志で他国との国際法上の戦争はしない、ということであろう。ところが、日本は米国と「日米同盟」に基づいて有事法制を一九九九年以降から法制化してきているということである。ここに、自民党の憲法改正草案の本質がある。それは、憲法九条一項の「戦争の放棄」をそのままに、二項の軍備不保持を全面否定していることにも表れている。つまり、国際法上の「戦争」概念、その中核にある「開戦規定」を設けないことによって、事実上の「戦争状態」を可能にしようというのであろう。

なかでも周辺事態法は、「周辺事態」とは「そのまま放置すれば我が国に対する直接の武力攻撃に至るおそれのある事態等」を指し、「周辺事態」の際には、自衛隊は「後方地域支援」をすることになっている。後方地域支援とは、「周辺事態に際して日米安保条約の目的の達成に寄与する活動を行っているアメリカ合衆国の軍隊に対する物品及び役務の提供、便宜の供与その他の支援措置」(同法三条)を意味するという。つまり、自衛隊による米軍支援、米軍の下請けである。同法によれば、それは「補給(給水、給油、食事の提供など)、輸送(人員及び物品の輸送)、修理及び整備(機器並びに部品及び構成品の提供)」ということである。これは現在では、日本国憲法下での支援であるが、国防軍の下では当然、日本国防軍の軍備・軍人が武器及び弾薬はもとより、日本国防軍隊を投入し、武力行使を行い、補給・修理・整備も行うことになろう。

もちろんその時は、相手国も黙っていないことを想定し、そのために武力攻撃事態法を制定し、我が国に対する直接の武力攻撃に至るおそれのある事態(二条三号)に反撃することになろう。この場合も、必要な場合は、米国が開戦宣言をするか、後述するごとく米国もほとんど開戦宣言をせずに「戦争」を行ってきたことを考えると、日本も開戦宣言をせずに事実上の「戦争状態」になることを想定している、つまり、「開戦宣言をしない事実上の戦争」(undeclared war)、日本の歴史上の経験で言えば「戦争」でない「満州事変」のごとき「戦争」を想定していると言えるのではないのか。

さらに、交戦権の否認とは、一般的に「国家が有する戦争を行う権利の否認」あるいはより広い概念としては、「国家が交戦国として国際法上有する各種の権利の総体、船舶の臨検・拿捕の権利や、占領地行政に関する権利などの否認」と言われている。国際法の「戦争の開始」を意味する「開戦規定」がないということになれば、「交戦権」規定も必要ないということになるのであろうが、「交戦規定」がまったくない「軍隊」は存在しないことも事実である。戦争を放棄している日本国憲法は当然に交戦権を否認しているが、自衛隊法は九五条で「武器等の防護のための武器の使用」を定め、交戦規定を訓令で二〇〇〇年に「部隊行動基準」を定めている。「交戦規則」という自衛隊員の生死にかかわる法令が、「訓令」という行政命令の一形態で定められているのが現状である。

3 「審判所」とは何か

「特別裁判所の禁止」と審判所の設置

いま、自衛隊員がなんらかの刑事裁判を受ける場合に、どんな裁判を受けているのか。それは当然のこととして、普通の裁判所で、しかも職業裁判官の下(あるいは裁判員裁判の場合もあるが)、公開の法廷で裁判を受けている。日本国憲法は「特別裁判所」を禁止している。それに対し国防軍の軍人はどんな裁判を受けるのか。自衛隊と同じなのか。

自民党の憲法改正草案は、国防軍に「審判所」を設け、つぎのように定めている。「国防軍に属する軍人その他の公務員がその職務の実施に伴う罪又は国防軍の機密に関する罪を犯した場合の裁判を行うため、法律の定めるところにより、国防軍に審判所を置く。この場合においては、被告人が裁判所へ上訴する権利は、保障されなければならない」(九条の二、五項)としている。そこで、そもそも「審判所」とは何であり、「裁判所への上訴権」とは何かが問題になる。

ところが、改正草案はその一方で、「特別裁判所は、設置することができない。行政機関は、最終的な上訴審として裁判を行うことができない」としていることから、「特別裁判所」とは何かという問題も生ずる。

特別裁判所とは、明治憲法下で設置された軍法会議(軍事裁判所)、皇室裁判所、行政裁判所を意味し、他には諸外国で採用している憲法裁判所や労働裁判所などがある。特別裁判所とは「最高裁判所を頂点とする通常裁判所の組織系列に属さない裁判所」を意味する。従って、労働裁判所なども「最高裁判所の系列に属する下級裁判所」であれば、特別裁判所ではない。「最高裁判所の系列に属する」裁判所とは、「最高裁判所又は通常の高等裁判所へ上訴が許される」こと、「その裁判官も最高裁判所の指名する者の名簿に基づいて任命され」、かつ「最高裁判所の司法行政上の監督の下に立つ」ことを要件としている(兼子一・竹下守夫『裁判法 第四版』有斐閣、一九九九年、一三六〜一三七頁)。

自民党の改正草案は、その解説書である「Q&A 増補版」(二〇一三年一〇月発行)を公表しているが、審判所は「通常の裁判所ではなく、国防軍に置かれる軍事裁判所」であり、「審判所とは、いわゆる軍法会議のこと」(Q12)と述べている。

現行の日本国憲法は、七六条二項で「特別裁判所は、これを設置することができない。行政機関は、終審として裁判を行ふことができない」と定め、特別裁判所を禁止した。明治憲法下で特別裁判所の代表格であった軍法会議を禁止したことは、戦争放棄を定めた憲法であるから軍法会議を必要としなくなったためと考えられる。

具体的に現状の制度を述べると、現存の知的財産高等裁判所や家庭裁判所は普通裁判所への上訴を定めているので特別裁判所ではない。行政機関の設置する海難審判所、特許庁、公正取引委員会も「裁決」などの裁判所の判決のような判断をすることができるが、それは最終的な判断ではなく、行政機関の判断に不服である場合は、裁判所に訴えることができる。日本国憲法も上記のごとく「行政機関は、終審として裁判を行ふことができない」としている。であるから、現行憲法下では特別裁判所は存在しない。

それでは、自民党の改正草案は、特別裁判所の禁止(七六条二項)を定めている日本国憲法の規定をそのまま残して、「国防審判所」を設置し、かつ、この審判所は「軍法会議だ」と述べている理由はどこにあるのか。「裁判所」と「審判所」はどう違うのか。

日本国憲法は、すべて司法権は裁判所にあると定め(七六条一項)、裁判官に手厚い身分保障を与え(七八条)、司法権の独立とともに裁判官の独立を保障(七六条三項)し、さらに公開の法廷による裁判(八二条一項)などを定めている。つまり、裁判所とは、人権擁護機関なのである。

これに対し、軍事裁判所が属する軍事法制とは、そもそも人権を守ることを目的としていない。人権のためではなく軍の法規・規律を守ることを目的としているのである。従ってあとで触れるごとく戦前の明治憲法下の旧軍法会議は、裁判所ではなく行政権の一部(陸軍省などの軍事省庁)であり、裁判所で裁判官に該当する判士、つまり軍法会議で審理・審決に携わる判士は、裁判官のごとく「良心に従ひ独立してその職権を行」う(現憲法七六条三項)わけではなく、判士には被告人の上官が任命され、上官が公開を望まない証拠が提出される公判内容であると判断すれば非公開とすることも可能である。人権を基本に据えた社会と、その一方の軍事を中心にした社会とはかくのごとく水と油の関係にあることがわかる。

従って、国防軍をつくれば、そしてすでに有事立法ができているのであるから、軍事裁判所ができることは必定だと考えられる。にもかかわらず、特別裁判所でない軍事裁判所(軍法会議)という「審判所」を設けた理由は、従来の軍事法制からは考えられないと言えよう。自民党の改正草案にある審判所とは、「行政機関の設置する海難審判所」を想定しつつ、中身は「軍法会議」とし、審判所の「裁定」が不満な場合は裁判所への上訴を認めているのであるから、国防審判所は特別裁判所にはならないと判断していると見ていいであろう。逆に言えば、「それ以上ではない」ということ。つまり、裁判所への上訴を認めているから特別裁判所ではない。戦前の「軍法会議」とは違うのだ、と言いたいのだろう。

海難審判所の場合は長く運輸省=国土交通省が行政機関であったが、二〇〇八年に独立行政委員会・運輸安全委員会に改組された。国防軍がつくられ、防衛省という行政機関による「国防審判所」が設置されれば、国防軍人の判士が下級の国防軍人(被告人)を裁くことになる。

とはいえ、自民党の改正草案には「法律の定めるところにより、国防軍に審判所を置く」とあるのみで、当然のこととして「法律」の内容は定められていない。そこで、一九八八年に起きた自衛艦「なだしお」事件を例に考えてみたい。

釣船を沈没させた自衛艦「なだしお」事件

事件現場は、神奈川県横須賀港沖の東方約三キロの海上であった。海上自衛隊の潜水艦「なだしお」と遊漁船「第一富士丸」が衝突し、第一富士丸は沈没し、乗船客三九人と乗員九人の計四八人中、一九人が救出されたが、うち一人死亡、残る二九人が行方不明となり、その後全員が遺体で発見され、結局死者三〇人となった大事件である(上村淳『なだしお事件』第三書館、一九九四年、三〜四七頁)。

海難審判は、横浜地方海難審判庁(第一審)で始まり、その後「なだしおに主因がある」との裁決言い渡しがされている。二審は高等海難審判庁(東京)で審判が始まり、裁決言い渡しは、「なだしお」と第一富士丸の責任を同等と判断した(上村淳、前掲書、三三〇、四四八頁)。

これとは別に検察は、第三管区海上保安本部と横須賀海上保安部が、双方を業務上過失致死などの容疑で書類送検していたが、海難審判庁の結論が出たあとに艦長と船長を起訴し、横浜地方裁判所で裁判が始まり、両名に執行猶予四年を付けて、艦長に二年六ヶ月、船長に一年六ヶ月の禁錮刑の判決が下った。それは高等海難審判庁の裁決に対する「逆転裁決」となった。

その後、高等海難審判庁での裁決(「なだしお」と第一富士丸の責任を同等と判断した)取り消し訴訟が、東京高等裁判所で行われ、艦長の不当運行が認められ、船長の主張が認められる判決が出た。この事例から、海難審判庁と裁判所の関係に注目いただきたい。

「なだしお」事件に見る海難審判庁

海難審判法は、日本国憲法施行直後の一九四七年一一月に公布され、その目的を「海難事故の原因を明らかにし、以ってその発生の防止に寄与する」としている。つまり、海難事故の問題を解決することよりも「原因を明らかにし」、事故「発生の防止」を目的にしてきた。

海難審判は、長く二審制であったが、二〇〇八年の改組により一審制となった。審判所は函館をはじめ七つの審判所で行い、かつては一審の裁決に不服がある場合は、東京にある高等海難審判庁が第二審として審判を行ってきたが、改組により、東京の「海難審判所」においては「重大な海難」を、「地方海難審判所」においてはそれ以外の海難を扱うことになった。二〇〇八年の時点でなぜ海難審判庁を海難審判所に改名したのか、その理由は不明である。

審判官は、「海難審判所」では三名、「地方海難審判所」では通常一名である。この審判所の裁決に不服がある場合には、高等裁判所(「審判所」でなく「裁判所」である)に上訴することができる。自民党の憲法改正草案が、「審判所」について「裁判所へ上訴する権利は、保障されなければならない」と定め、従って「上訴」を認めているから、これを「特別裁判所」に該当しないと解していると考えられる。

ただ、裁判所へ上訴できても審判所での判断が大きな意味を持つことになることを忘れてはならない。ここが自民党の改正草案のミソなのだ。「なだしお」事件も、裁判所へ訴えた際に、法務省刑事局長は国会で、海難審判は海事事件の専門家による判断であるから、海難審判の「結果を待って刑事処分を行うことになっている」と答弁しているように、上訴はできても審判所の判断が大きな意味を持つということである(佐藤和利「『なだしお事件』をめぐる法律問題」『釣船轟沈』昭和出版、一九八九年、一五〇頁以下)。

つまり、行政機関が設置する審判所の結論が不満である場合は、「公正で人権を保障する裁判所」に上訴できるという制度があっても、事実上審判所の役割が大きいとすれば、いくら特別裁判所を禁止していても、裁判所はかなり形骸化されるであろう。しかし、そればかりでなく、忘れてはならないことは、海難審判所は平時の機関であるが、国防審判所は戦時の機関だということ、さらには、審判所の結論が出れば、不満であっても上訴する国防軍人はそう多くはなく、涙をのんで裁決を認めるだろう。ご存じのように、日本人はそれでなくとも裁判は嫌いなのである。

旧軍法会議法から見る国防審判所

国防審判所が、特別裁判所でない海難審判所と同様な形式をとりつつ、その内容を具体化する場合は、旧軍法会議法(一九二一年=大正一〇年)を参考にすることは間違いではないであろう。

軍法会議は陸軍と海軍が別々に存在したが、ここでは陸軍軍法会議を例に説明することにする。まず、軍法会議は、その目的を「戦時事変に際し軍の安寧を保持するため」と定めており(陸軍軍法会議法六条)、普通裁判所のような人権救済機関ではなく、軍の秩序を維持することを目的としていた。

被告人の対象は、現役ならびに在郷(退役)の軍人、志願兵ばかりでなく、それ「以外の者に対し犯罪につき裁判権を行う」とあり、戦時もしくは事変(紛争・内乱時)の際は、す﹅べ﹅て﹅の者が対象になった。

軍法会議の構成は、控訴はできたが、われわれが経験している普通裁判所の場合とは異なり軍法会議のなかでの上訴にすぎず、また係属される裁判所は被告人の軍における地位によって決められていた。それは、大まかに被告人が将官の場合は高等軍法会議、被告人が軍司令官の下にある場合は軍軍法会議、師団長の下にある場合は師団軍法会議に係属された(同法一一、一二、一三条)。まさに階級社会そのものである。しかし、第二次大戦下では、高等軍法会議を除き他は廃止され、臨時軍法会議となった。

「軍法会議の審判は裁判官五人を以て構成」し、「裁判官は判士及法務官を以て之に充て」(同法四七条)る、と定めている。判士とは、帯剣法官とも言われ兵科将校が裁判官として審判に関与する。法務官は法律の専門家ではあるが、帯剣していないので無力な「丸腰」の事務官にすぎない。

陸軍大臣は、控訴権及び捜査を指揮監督する権限を持っていた(同法六五条)一方、「弁護人の数は被告人一人に付二人を超ゆることを得ず」(同法九〇条)とされた。「弁論は之を公開す」(同法三七一条)とあるが、そのすぐあとの条文に「安寧秩序若は風俗を害し又は軍事上の利益を害する虞あるときは弁論の公開を停むる決定をなすことを得」(同法三七一条)とあり、「裁判官の評議は之を公行せず」(同法九六条)とも定めている。まさに軍事優先そのものである。

つまり、このような「旧軍法会議法」に類似した「国防審判所法」がつくられることを想定しなければならない。しかも、このような刑罰法規ができれば、言うまでもなく、軍事警察(憲兵)が必要になり、そのための軍事刑法(陸・海・空軍刑法)が必要になろう。そればかりでなく、最近設置された首相、外務・防衛大臣が中心になる国家安全保障会議は、有事法制下では、形式的には最高決定機関であろうが、「素人」が軍事を判断できるはずがないとの理由で、どこの国でも軍人の傲慢さで国防軍人による統帥機関、たとえば「大本営」のような組織がつくられることになり、その下で、これも最近つくられた特定秘密保護法(「特定秘密の保護に関する法律」。二〇一三年一二月公布)が大活躍し、民主主義は逼塞することになろう。

司馬遼太郎は、戦前日本の統帥権干犯問題を振り返って、軍部による統帥権の専断によって「日本国の胎内にべつの国家」をつくることになったと回想している(司馬遼太郎『この国のかたち四』文春文庫、一九九七年、一〇四頁)。

もはや、この日本で軍法会議や軍の刑務所を経験した者はほとんどいない。作家の野間宏は、自身が経験した陸軍軍法会議や陸軍刑務所の様子を『真空地帯』をはじめ短編の『第六十三号』などで描いている。そこには言葉を超えた非人間性の極致と言うべき「いまふたたびの時代」を教えてくれる。

最近、いじめを受け自殺した海上自衛隊員の母親が訴えを起こした事件で、海上自衛隊側の証拠隠しを告発し懲戒処分の対象になった海上自衛隊員の体験が報道されたが(『東京新聞』二〇一四年四月二四日)、自民党の憲法改正草案が現実になれば、こうした国防軍人は、存在そのものを抹殺されかねない。「自衛隊も国防軍も大差ないですよ」などと嘯《うそぶ》いている政治家はどう思っているのだろうか。

「戦後レジームからの脱却」を呼号する政治家は、あの時代を知識としてすら知らず、想像力すら湧かなくさせられている若者に、「戦前レジームへの突入」をもたらそうとしているのであろうか。

第三章　「国家安全保障」が意味するもの

1　安全保障とは何か

安全保障概念と国家安全保障

いまや国家安全保障は、どこでも「安全保障」と呼ばれる。たしかに「安全保障」は、「国家安全保障」が省略された名称であるが、まるで「国家安全保障」という概念が唯一無比な安全保障概念だと思わされてしまう現状である。なかには安全保障と対立して「平和保障」というおかしな言葉すら使われている。安全保障は何も平和と対立する概念ではない。平和と対立しているのは国家安全保障だ。

そもそも「安全保障」を積極的概念として打ち立てたのは、一七世紀末から一八世紀初頭に活躍したジェレミー・ベンサムであったと言える。フランス革命期を前後してエマニエル・カントと同時代に活躍したイギリスの功利主義者と言われ、「最大多数の最大幸福」を掲げたことはよく知られている。

ベンサムは、安全保障をいまとはまったく違って「自由」に代わる概念と考えていた。彼の著書の『憲法典』や『永遠平和綱領』を読むと、安全保障は人権であり、従って「国家の特別にして直接的な目的」とは「生存・豊富・安全保障を最大限化すること」と述べていた。まさにそれは安全保障が「人権」であり、従って安全保障は個人を権利主体としていたのである。

二〇世紀に入ると、時代は世界経済が「不確実性の時代」へと向かい、社会に「不安」が渦巻き始める。そうしたなかで、人類は経済的な脅威を除去するため、社会安全保障(social security)、つまり社会保障を生み出すのである。社会保障は、個人で自己の不安の解消や生命の確保ができないなかで、社会集団が、あるいは憲法で生存権を規定している場合は国家が安全保障の主体となったのであった(古関『安全保障とは何か』岩波書店、二〇一三年)。

こうした二〇世紀前半を過ぎて、二〇世紀半ばに入り第二次大戦を経験するなかで、それまでとはまったく異なった戦争の脅威こそが人類最大の脅威となった。そこから軍事力によって国家が主体となる安全保障を見出したのである。これが、いまの国家安全保障である。人権や自由から遠く離れた国家が主体となり、軍事力によって安全保障を確保するという考え方である。つまり、国家安全保障とは、人類がこの半世紀に経験している安全保障の一形態にすぎず、歴史の、なかでも冷戦の産物以外の何物でもないのである。

「国家安全保障」という日本語が日本人の耳に届くのは、日米安全保障条約が一九五一年に締結された頃からである。米国が国家安全保障法(NSA:National Security Act)を制定するのはそれより先の一九四七年で、戦後まもなくのことであった。

「国家安全保障」という政治体制

日本は、さきの日米安全保障条約を米国と締結したときに初めて「安全保障」という日本語を使うことになる。それまで「安全保障」という言葉をまったく使っていなかったわけではないが、securityには、一般に「安全」とか「安寧」という言葉を使ってきた。

「日米安全保障条約」の「安全保障」の概念は安全保障一般ではなく「国家安全保障」そのものであったが、これぞまさに米国仕込みの「押しつけ」であった。そして六〇年遅れて安倍政権は「国家安全保障会議」を設立して「国家安全保障」体制を本格的に選択したことを意味する。

米国では、国家安全保障は、米国のマグナ・カルタ(一三世紀イギリスの憲法的文書)とすら言われ、一般的に成功した政治選択だと見られている(Michael J. Hogan, *A Cross of Iron*, 1998)。

それはなぜか。それはかなり深い理由に基づいているようだ。まず、そもそも国家安全保障という政治システムは、第二次大戦後に誕生し、その後は冷戦という一連の「戦争が常態化した時代」に合致したシステム、言い換えると「国家を平時から戦時へとスムースに移行することを可能にするシステム」であり、冷戦向きの政治体制であった、ということである。

そのためには、集権的な政治手法と強力な指導性を発揮しうる大統領が必要であった。国家安全保障会議システムを採用している国は、ほとんど大統領制をとっている。たしかに独裁的な国家もあるが、たとえば民主主義国では米国を中心に、ロシア、フランス、韓国などであり、大統領制でない議院内閣制の国は英国ぐらいである。

概観するに、大統領制の国が国家安全保障会議システムを採用している最大の理由は、国家安全保障会議が強力な統合的・集権的な組織であるがゆえに、大統領が国民から直接であれ間接であれ選ばれているところに正統性を見出しているのではないのか。

その点英国は、議院内閣制をとっており首相は当然のこととして、国民から直接選挙されていないが、国家安全保障会議システムを採用しているのは、「首相(=与党党首)への権力集中がもたらされている」(松田康博編著『NSC 国家安全保障会議』彩流社、二〇〇九年、長尾雄一郎執筆)からであろう。対してドイツは大統領職を持つが、そもそもこのシステムに消極的であるということもあり、しかも大統領は連邦会議から選ばれ、国民から直接選ばれていないためであろう。

さらにまた、米国民は大英帝国から独立を勝ち取り、元来「国家」という存在を敵視してきた珍しい国民性を持ち、「合州国(United States)」に象徴されるごとく、分権化を好んできた。そこにソ連という中央集権的な独裁国家が誕生し、それに対抗する国家の改変が急がれたのである。そこで分権化した連邦国家を「国家安全保障国家」に改変し、中央集権制を強めたわけであるが、これが冷戦の誕生と相まって、国家安全保障の対極にある「国家嫌い」の米国の国民性と集権的な国家安全保障政策との見事なバランスをとった結果だと見ることができる。

ところが、日本では、冷戦終結から四半世紀経っているのに、政権の政治感覚は冷戦時そのものであり、しかも強い国家に疑念を持たない国民性に加えて、これに輪をかけて政府が、国家安全保障法をつくったのである。バランスどころか、人権が転がり落ちて「国家」の相乗効果を生じ、これからどうなるのだろうか、と心配になる。

2　米国の国家安全保障法

総合性とともに統合性

そもそも米国の現在の対外政策は、戦争の中から生まれてきた。第二次大戦末期の一九四四年、日本がいまだ「本土決戦」を豪語していた頃に、すでに米国はドイツをはじめ日本の戦後の占領政策を模索していたが、そのなかで米国政府の「総合性とともに統合性」の必要性を受けて、閣僚による会議(閣議)とは別に、大統領を中心に「国務・陸軍・海軍三省調整委員会」(SWNCC：State-War-Navy Coordinating Committee)を創設した。従ってそもそもこの機関は「戦時」に対応する機関であった。

身近な事例を挙げれば、日本占領を担ったGHQは、米政府内では陸軍の一組織にすぎず、その政策上の上部機関はSWNCCであった。このSWNCCは名称からもわかるように「調整」機関にすぎなかった。しかし、「総合性とともに統合性」が求められるなかで、SWNCCは、一九四七年に国家安全保障会議(NSC)に発展したのである。

SWNCCは、大統領を議長とする三省、つまり外交と軍中心の組織であった。しかし、それは国務省の外交と陸海の軍の「調整」機関にすぎなかった。これに対し、その後身のNSCは、大統領を議長に副大統領、国務長官、国防長官、陸海空三軍の省の各長官、国家安全保障資源庁(NSRB)長官を常任の構成員としていた。

その後、陸海空三軍の長官をはずし、国防長官のみとし、あるいは最近では国家諜報長官(DNI：Director of National Intelligence)を加え諜報《ちょうほう》(intelligence＝軍事による情報収集、つまりスパイ行為。情報＝information ではない)を強化する一方、事例に応じて非常勤の構成員を加えるなどして「総合性とともに統合性」をすすめている。そこからは、単純な軍事中心でなく情報、あるいはスパイ活動を重視して諜報、宇宙空間、さらには資源獲得を目指しての「非軍事」の安全保障に力点を動かしているようにも受け取れる。

いずれにしても、アメリカ民主主義は、少なくとも行政面では閣僚による内閣中心より、基本的政策は大統領が自由に決められる安全保障を中心に、NSCで決められる国家、国家安全保障国家(National Security State)に転換したと言えそうである。

こうした「統合性」こそ、戦争指導を象徴する言葉であった。つまりそれは、政治戦略と軍事戦略(政戦両略)、陸軍と海軍、中央と出先、これらすべての「統合性」を意味していたのである。それはまた、第二次大戦を経験して総力戦が戦時を前提とする国家を米国に求めていたとも言えるだろう。時はNSCの誕生とともに米国が「軍事国家(軍需国家=arsenal state)」と言われ始めた頃でもあった(H. Lasswell, *The Analysis of Political Behaviour*, Routledge & K. Paul, 1948)。

統合された国家体制

まず、国家安全保障法(NSA)は二つの目的を持っている。それは、「将来の合衆国の安全保障のための総合的計画のため」であり、また「政府の省庁の政策と手続きの統合のため」であるという点、つまり、すでに述べた「総合性とともに統合性」を挙げている。

その目的のため、行政組織の創設(再編)を挙げ、国家安全保障会議(NSC)、中央情報局(CIA)さらに国家安全保障資源庁(NSRB)を創設(再編)するとともに、軍事組織も創設(再編)して、従来の陸軍省、海軍省、空軍省の三省は残すが、その上にこれらを統合する「国家軍政機構（NME）」を創設した。これはその一年後に「国防省」と名称変更される。日本では「国防総省」とか「ペンタゴン」と呼ばれている。

NSCについては、次項で触れるが従来の平時を前提にしている内閣とは異なり、戦時を前提にした少数の統合性の強い軍事中心の行政組織、つまりそれこそ「国家安全保障」とは何かを象徴する組織を意味していると言えよう。

このNSCの下にCIAとNSRBを創設したことは、国家安全保障とは、従来の、つまり第二次大戦以前の、戦争を常態としなかった政府組織ではなく、戦争を常態として戦争に備える政府組織の対象として「情報と資源」が必須であると判断したことを意味していると言えよう。

なかでも情報は、戦争形態が従来の戦争からテロや国内紛争へと変化するなかで、二〇〇一年の九・一一事件を画期としてNSAは大きく改正されることになった。

二〇〇四年に「情報改革とテロ予防法」が創られ、国家諜報長官（DNI）が新設された。DNIは、連邦政府の一五の情報・諜報機関の予算と人事を統括する権限を持つことになった。具体的には、対外情報機関であるCIA、国防総省の諜報組織である国家安全保障局（NSA：National Security Agency）、司法省に所属し国内の安全保障を担うFBIをはじめ、軍の諜報組織の国防諜報局（DIA）、国家地球空間諜報局（NGA）、国家偵察局（NRO）、さらには国土安全保障省(DHS)などを含む一大組織となった。

米国の「戦争権限法」

合衆国憲法は、連邦議会に「戦争を宣言する」(宣戦布告または開戦宣言)権限を与える(一条八節一一項)一方、大統領には「陸海軍の最高司令官」(「最高指揮官」との訳もある。いわゆるC-in-C)としての権限(二条二節一項)、つまり戦争を指揮する権限を与えている。もちろん開戦宣言と戦争指揮権を別々にしているのは、議会と行政府の権力の分立を確保するために他ならない。

しかし、開戦宣言は先に述べた国際法上の概念に基づくわけであるが、現実には議会が開戦宣言をし、大統領が軍隊を出動して戦争を行ったことは、憲法制定以来わずかに五回しかなく(その一つが一九四一年の日米開戦)で、それ以外の二〇〇回以上にわたる米国による「戦争」は、すべて大統領の判断で「戦争」(正確には「武力行使」と言うべきでしょう)をしてきた(浜谷英博『米国戦争権限法の研究』成文堂、一九九〇年、一七九頁)。

米国議会も、最近では、例えばイラク戦争の際にブッシュ大統領が武力介入する可能性が迫った時、上下両院議員五四名が憲法違反として連邦地裁に訴えたほどである(デラムス対ブッシュ事件)。

もちろん、ベトナム戦争も議会の承認なしに行われていた。それが合衆国憲法の権力分立にかかわる問題であることは言うまでもなく、そうした背景から一九七三年に戦争権限法が制定されることになった。

同法は、大統領は議会の開戦宣言がないままに米軍による武力行使を行った場合、六〇日以内に議会の事後承認を得られない場合は、米軍を撤退させなければならない、という内容である。

ここで、日米安保条約、なかでも五条の日本防衛義務、さらには周辺事態法(一九九九年)の定める自衛隊による米軍への後方地域支援義務が問題となる。合衆国憲法は「大統領は、上院の助言と承認を得て、条約を締結する権限を有する」(二条二節二項)と定めている。この上院による条約締結権に対し、戦争権限法は上院の承認だけでなく、当然のこととして下院を含む議会の承認が必要である。

はたして、上下両院の承認を受けた法律(戦争権限法)と上院のみの承認しか受けていない条約(日米安全保障条約)のどちらが優越した地位を持つべきかという議論があるが、ここでは、日米安保条約の五条が、有事法制の根拠条文になっている現段階にあって、たとえば周辺事態法がすでに制定されている段階にあって、事は重大なのではないのか。つまり、米大統領が、六〇日以内に議会の承認を得られないと判断して、日米の共同防衛作戦中に米軍が撤退を始めたとき、周辺事態法に従って後方地域支援に従事していた日本の自衛隊(あるいは国防軍)は、どうするのであろうか。

3　日本版ＮＳＣの誕生

六〇年遅れのＮＳＣ

自衛隊が発足した翌々年の一九五六年、国防会議法が成立し、国防会議が発足した。同会議は「防衛力整備計画」という名の防衛力強化計画を最大の任務として一次防から四次防まで不定期で開催してきた。

その後、「重大緊急事態への対処」をするため、八六年に安全保障会議が発足し、事務局として内閣安全保障室が設置される。その任務は、閣議の重要事項の総合調整のうち安全保障にかかわる事項を扱うこととなった。

冷戦の終結から一九九〇年の湾岸戦争を経て、ＰＫＯ(国連平和維持活動)が大きな問題となるなかで一九九二年に国連ＰＫＯ協力法(国際連合平和維持活動等に対する協力に関する法律)がつくられ、二〇〇一年には「九・一一事件」が勃発し、国際社会の不安定化が進むなかで、内閣官房の相互調整機能よりも総合調整機能が求められるようになる。

こうして「安全保障政策・危機管理を迅速かつ効率よく推進するには分散型から集権型へと内

閣の制度・機能をさらに移行させる」(松田、前掲書、三一一頁)ことが求められ、国家安全保障会議へと改組されたと言われる。

こうした変化の流れは、自衛隊の国内組織の強化とともに海外派兵の流れを生み出し、同時に米国のNSCの基本的原理である総合化と統合化が進められてきたと言えよう。

政府内部でNSC研究をしてきた松田康博は、こう言い切っている。「外交・防衛・治安・防災等各当局がそれぞれにばらばらな対応をするのではなく、より高い次元――理念的には一人の最高指導者――の下で統合されてこそ、より的確かつ迅速に遂行される可能性が高まる」(松田、前掲書)。

こうした総合化と統合化のもとで国家安全保障会議の事務局は、内閣官房の国家安全保障局にある。同局は外務・防衛両省や警察庁、自衛隊出身者で総合・統合され、企画・立案、総合調整にあたる。総勢六七名で発足したという(『朝日新聞』二〇一四年一月七日)。

さらに松田は同書で統合され、的確かつ迅速に決定が可能になることは、「時代が変わっても根本的に変化はない」と言い切っているが、本当だろうか。たしかに、冷戦下では一国天下の米国大統領によってそれは可能であった。しかし、冷戦から遠く離れて、日本版NSCがこれを可能とするとは考えられない。トップダウン・集権政治の小泉純一郎首相は、イラク戦争の際に、いち早く米国の武力行使に「支持」を表明した。その後、この戦争を行ったブッシュ米大統領に正当性なかったことが判明し、「支持」を表明した英国のトニー・ブレア首相のイギリス議会ばかりでなく、オランダ議会なども長時間かけて検証を行った。トップダウンの時代は終わったのである。少なくとも先進民主主義国では、根本的な変化が生じている。

それに引き替え日本はどうであろうか。小泉首相は自らの発言に対してなんの反省も示さず、国会もなんらの検証も行わなかった。これぞ「一人の最高指導者の下での統合」の象徴だ。日本版NSCの行き着く先ではないのか。

「国家安全保障戦略」の戦略とは

国家安全保障会議が発足した二〇一三年一二月の直後に「国家安全保障戦略」が決定され、同日に閣議決定された。この文書の表紙の最上部には、まず「国家安全保障会議決定」とあり、その下に「閣議決定」とある。まさに米国同様、閣議は二の次の寡頭政治になったことを示している。

同決定はさして分厚い文書ではないが、第一次安倍内閣からの懸案でもあり、四年の歳月を経て、日本のあるべき安全保障政策を全面展開している文書として、注目に値する文献と言えよう。

同文書はまず、わが国の国家安全保障の基本理念として以下のように述べている。「国益を守り、国際社会において我が国に見合った責任を果たすため、国際協調主義に基づく積極的平和主義を我が国の国家安全保障の基本理念」とすると位置づけている。一言で言って、従来の政府文書にない、かなり異様な表現が目立つのである。第一次安倍内閣の後の福田康夫内閣でこの構想は撤回されていることも、さもありなんと思える内容である。

ここで、「基本理念」とされた「積極的平和主義」は、この文書でなんと一〇回ほど使われている。それでは、ここに言う「戦略」の「基本理念」である「積極的」平和主義とは、平和主義とどう異なるのか、何が「平和主義」なのかという疑問が生まれてくるのであるが、そのものズバリの定義は残念ながら見当たらない。しかし、冒頭でつぎのような表現が目に留まる。「我が国の平和国家としての歩みと、我が国が掲げるべき理念である、国際協調主義に基づく積極的平和主義を明らかにし」とある(もっとも「積極的平和主義」の政府の英訳は proactive pacifism が使われ、positive pacifism ではないようだが)。

しかし、社会科学を学んできた者は誰しもが、「積極的平和」と聞けば、七〇年代初めから知られるノルウェーの世界的平和学者のヨハン・ガルトゥングを思い起こすに違いない。

ガルトゥングは、「個人的暴力の不在は積極的に定義された〔平和の〕状態をもたらすものではないが、構造的暴力の不在はわれわれが社会正義と呼ぶところのものであり、それは積極的に定義された〔平和の〕状態である」(ガルトゥング、高柳先男ほか訳『構造的暴力と平和』中央大学出版部、一九九一年、四四頁。原著は一九六九年)という。一言で言えば、積極的平和主義とは非暴力を含む平和概念と考えられてきた。

つまり、ガルトゥングが生み出した「積極的平和」とは、国家主義とは一切関係なく、国家を主体に軍事力をともなう国家安全保障とは無関係な、むしろその対極にある概念と言えよう。

それればかりでなく、国家安全保障の第一の目標を「我が国の平和と安全を維持し、その存立を全うするために、必要な抑止力を強化し、我が国に直接脅威が及ぶことを防止するとともに、万が一脅威が及ぶ場合には、これを排除し、かつ被害を最小化することである」としている。これはどう見ても軍事力を第一と考える安全保障、そもそも国家安全保障であるから軍事力中心であることは理解できるが、「第一」とまで謳っているのである。

しかしこの「積極的平和主義」は、全くの和製であり、最初に言い出したのは、伊藤憲一・日本国際フォーラム理事長で、その著書から生まれ、自ら産経新聞の「正論」欄で、米国が「世界の警察官」役を降板しだしたいま、日本は「世界平和主義」の旗を掲げるべきだと論じている(『産経新聞』二〇一四年一月二一日)。アメリカに代わって「世界の警察官」を引き受けることは、「積極的」とは言えても、「平和主義」とはなんら関係はない。むしろ「積極的軍事主義」ではないか。この「積極的平和主義」は安倍晋三首相が参与を務める「日本国際フォーラム」で政策提言を行うなど、着々と既成事実を重ねている。

さらにこの「戦略」は、上記の「基本理念」の少しあとに「『人間の安全保障』に関する課題」

という小見出しが出てくる。そのなかで、「貧困、格差の拡大、感染症を含む国際保健課題、気候変動その他の環境問題……」などとおよそ軍事力では何も解決できない課題を並べたてたあとで「これらの問題は、国際社会の平和と安定に影響をもたらす可能性があり、我が国としても、人間の安全保障の理念に立脚した施策等を推進する必要がある」と、まるで「子、曰《のたまわ》く」がごとくである。普通の常識では恥ずかしくてここまでは言えない。

「人間の安全保障」とはかつて国連難民高等弁務官を務め、「人間の安全保障委員会」共同議長でもある緒方貞子らが述べているように、「国境や領土ではなく人々の保護にあてる」政策である。従って、国家安全保障は、国家が主体であるのに対し、人間の安全保障は、人間が主体であり、軍事力中心の国家安全保障に対して、人間の安全保障は非軍事中心(軍事力を否定はしていないが)なのである(人間の安全保障委員会『安全保障の今日的課題』朝日新聞社、二〇〇三年、一六二頁)。

そもそも、日本政府は、ＥＵやカナダなどの国々が「人間の安全保障」の報告書(基本政策)を出しているのに対し、「国家安全保障戦略」はあっても、「人間の安全保障」の報告書は出ていないばかりか、外務省に「人間の安全保障」を扱う独立した担当部署すら置いていないのである。温室効果ガス規制の国際公約は、いまどうなっているのだろうか。

それに対して、この「戦略」文書の別のところでは、「国家安全保障の最終的な担保となるのは防衛力」とまで言い切り、文書の最末尾では、堂々と国民に向かって「国防国家」への参加を国民一人一人に訴えているのである。いささか長文であるが、政府の「戦略」がよくわかる文章であるので引用する。

「国家安全保障政策を中長期的観点から支えるためには、国民一人一人が、地域と世界の平和と安定及び人類の福祉の向上に寄与することを願いつつ、国家安全保障を身近な問題として捉え、その重要性や複雑性を深く認識することが不可欠である。

そのため、諸外国やその国民に対する敬意を表し、わが国と郷土を愛する心を養うとともに、領土・主権に関する問題等の安全保障分野に関する啓発や自衛隊、在日米軍等の活動の現状への理解を広げる取組、これらの活動の基盤となる防衛施設周辺の住民の理解と協力を確保するための諸施策等を推進する。」

これを読んだ読者は、「地域と世界の平和と安定」や「人類の福祉」などと、あの現実主義・新自由主義一点張りの自民党政権が、一転して聞いたこともない「理想」を語りだした、と思うのだろうか。それとも、「無内容な言葉の羅列」あるいは「巧言令色鮮《すく》なし仁」を地でゆくような内容だと思っただろうか。ただ、いずれにしてもコピーライターが書いたような、その読みやすさを否定することはできないだろう。

元防衛官僚の柳澤協二は、「安倍首相が言う積極的平和主義は、実は国民受けしやすい具体的事例を羅列するだけで、戦略的理念も、戦後史のどこを変えるのかといった歴史的視座がない」

と批判している(柳澤協二『亡国の安保政策』岩波書店、二〇一四年、七五頁)。

ところで、後段の文章の主語はどこにあるのだろうか。主語などわからなくてもいいのかも知れない。心地よい耳障りのしない言葉を選んでいることは間違いない。「我が国と郷土を愛する心を養うとともに」とか、「自衛隊、在日米軍等の活動の現状への理解を広げる取組」とか、「防衛施設周辺の住民の理解と協力」などという言葉からは、はっきり言えば「愛国心を持て」、「自衛隊、米軍へ協力せよ」、「軍事基地へ周辺住民は協力すべし」の意味だとは誰も気づかず読み過ごすことを期待しているのであろうか。

そう言えば、この文書では従来は、「唯一の被爆国」という表現に象徴されるように、一般に「被爆国」が使われてきたが、これに替わって「戦争被爆国」という言葉にも出会った。これからはさまざまな被爆(被曝)が、たとえば、原子力発電所の事故などの犠牲者も含まれることを考えてあえて「戦争被爆」という本邦初出の造語を使ったのだろうか。

これは「新国家改造法案」だ

この「国家安全保障戦略」の行く末をどう予測するのか。それは安倍政権が予測していない、思いもよらない方向へと独り歩きしていくのではないのかと不安になる。この文書は、たぶん安倍政権下の官僚集団が起草したと考えられるが、今後の日本を考えるにあたって安倍政権後にあっても避けて通れない内容を含んでいるようにも思えるのである。

それは、さまざまな国家安全保障の対象が、具体的には技術革新、大量破壊兵器、テロといったこれからの対象の分析、さらには、地域、なかでもまず一番に「アジア太平洋」を挙げ、つぎに「日米同盟」を、さらに「アジア太平洋地域内外のパートナーとの信頼・協力関係」の強化として、韓国、オーストラリア、ASEAN諸国、中国、東アジア、欧州、ラテンアメリカと、つまり「地球の裏側」も含めて全世界を国家安全保障の対象にしていることである。単に地球の裏側だけでなく、「日米同盟」を差し置いて「アジア太平洋」をまず挙げていることに注目する必要がある。

これぞ、国家改造ではないのか。一つには日本が世界を、もっとも「敵」になると考える相手にして、安全保障を通じて国家改造を考えていることであり、さらには他国にまさる強い国・大国を相手に掲げ、その一方で、その内容は、一貫した理念や思想を持たず、時には日本国憲法に挑戦するがごとく、国家・軍事中心の安全保障を公言しながら、「人間の安全保障」や「積極的平和主義」などというその対極の安全保障をまったく同列に並べていることである。

北一輝との響きあい

こうした、論理整合性のない文書全体をとにかく通読し終わった時、筆者の頭にすぐ浮かんできたのは、かの北一輝の『国家改造法案』(『北一輝著作集　第二巻』みすず書房、一九五九年)であった。それは、より正確には『国家改造案原理大綱』(一九一九年)、あるいは『日本改造法案大綱』(一九二三年)ということになるが、特に前書は、かなりの検閲による伏字・削除が多いため双方の部分を適宜引用することになる。

北一輝の時代もいまの時代も、それはまさに世界的な再編成時代を迎え、貧富の差が、あるいは官界・政界・経済界・学界での腐敗が増大したという類似性をもっている。北の一九二〇年代は、多くの「貧しき人々の群」が街にあふれ、ロシアでは革命が起き、ドイツでも革命寸前という時代であった。

本書は、「巻一　国民の天皇」の冒頭でクーデター宣言を行い、こう述べている。「憲法停止——天皇は全日本国民と共に国家改造の根基を定めんが為めに天皇大権の発動によりて三年間憲法を停止し両院を解散し全国に戒厳令を布く」とある。

しかし、その一方で、私有財産制度を制限し、「国民一人の所有財産の限度は、三百万円」、「国民一家の所有地限度は、時価三万円」、「私人生産業資本の限度は一千万円」、「内閣は労働者の保護を任務とする」、さらには「国民の生活保障」などと、まるで社会主義憲法の条文を見ているがごときである。

しかし、北の最大の眼目は、最初の「国民の天皇」の部分と最後の「国家の権利」の部分だと言われる。ここで、最後の部分に触れると、そこでは「徴兵制の維持」に始まり、つぎのように述べている。「国家は国際間における国家の生存及び発達の権利として現時の徴兵制を永久に亘りて維持す」とある。あるいは「開戦の積極的権利」としては、「国家は自己防衛の外に不義の強力に抑圧さるゝ他の国家又は民族の為めに戦争を開始するの権利を有す。……国家は国家自身の発達の結果他に不法の大領土を独占して人類共存の天道を無視する者に対して戦争を開始する権利を有す」とある。まるで、侵略戦争の奨励宣言のごとくである。

筆者は、北の言うように、いまの時代に憲法を停止して、日本でクーデターが起こるとか、いまにも戦争が起き、徴兵制の時代が来るといった時代認識はまったく持っていない。むしろ国際社会のルールを考えるとき、そんなことはあり得ないと考えている。それでは「国家安全保障戦略」を読んで、『国家改造法案』がすぐ頭に浮かんだ理由はどこにあったかと問われれば、いまという時代があの「三〇年代」に向かった時代に似てきたと感じたためである。当時の国民の排外的政治意識、なかでも中国や朝鮮への政治意識は言うまでもなく、文化も、精神生活も「ぼんやりした不安」(自死した芥川龍之介の言)を感じ、大多数の庶民は経済の不況に喘ぐ一方で、大人も子どもと一緒に「ヨーヨー」遊びに狂喜し、「東京音頭」に酔いしれて東京オリンピック(一九四〇年)に期待をかけて憂《う》さを晴らしていたあの時代である。そしていま、深刻な政治状況をよそに、あるいは、そうであるがゆえに、政治を語らず、知性を嘲り、自発的に「イベント化」される文化に身を委ねる昨今の国民意識である。その「国民」に向かって、同時に準備が進められている自民党の「国家安全保障基本法案」は、「国民は、国の安全保障施策に協力し、我が国の安全保障の確保に寄与」するという「国民の責務」を定め(同法四条)、それは、総合的な責務で「教育、科学技術」を含め、「内政の各分野」に及ぶ(同法三条二項)という。

さらに「国家安全保障戦略」は、その論理の組み立て方に『国家改造法案』との類似性が認められる。「国家安全保障戦略」は、「平和、平和」否、「積極的平和主義」とまで、しかも永田町でしか通用しない概念を乱発し、メディアまで乗せて、事も無げに「最終的には、防衛力だ」と言い張る。この無定見さで、スラスラと文書を書ける「才能」の怖さである。言葉の軽さで政治は変えられる、否、すでに変えてきたという「自信」のなせる業なのか。二つの顔を持つヤヌス(双面神)の如きである。

『国家改造法案』の「解説」を書いた、歴史家の今井清一によると、北による国家改造の究極の目標は、最終的には社会主義的な内容は後景に退き、結果的には、その「結語」にあるように「戦なき平和は天国の道に非ず」であったと言う(『北一輝著作集　第二巻』前掲書)。

その頃、東京帝国大学の学生であった岸信介も、手にしたばかりの『国家改造案原理大綱』を「夜を徹して筆写」して熱心に読んだ一人だったという(原彬久『岸信介』岩波新書、一九九五年)。岸はその後「満州国」の官僚となり、東條内閣の商工大臣等に就任、敗戦後、東京裁判で戦争犯罪人として逮捕された。岸はまさに、社会主義の道は選ばず、「戦なき平和は天国の道に非ず」を信ずる道を選んだのだった。

いま、岸が夢見た青年時代からちょうど一〇〇年、安倍首相の下で「国家安全保障戦略」の起草にあたった学者・官僚たちは、岸と同じ夢が見られる可能性がまったくない時代に、どんな未来を描いているのであろうか。一度目は悲劇、二度目は喜劇とも言われるが。

北は「原理大綱」を書いたが、今回は「戦略」である。それは、政治原理から軍事戦略へと変わり、書き手も思想家から組織人・官僚あるいは学者・軍人(自衛官)に代わったということである。「むべなるかな」と言わざるを得ない。

4　冷戦後の日米同盟の変容

冷戦の終結から湾岸戦争へ

日本にとって冷戦の終結から今日に至るまで、冷戦という「戦争」からの解放感はなかった。たしかに日本にとって冷戦とはいえ、となりの韓国のごとく厳しい試練の下にはなかったと言えよう。冷戦後の同盟関係は国により大きな変化をしているようである(菅英輝編著『冷戦と同盟』松籟社、二〇一四年、二三頁以下)。

我々日本にとって冷戦とはなんであったのかと問うことはそれ自体大問題だろうが、冷戦後も冷戦下のごとく矢継ぎ早に軍事化が進行している現実がある。しかも、「冷戦後」は、早くも四半世紀を過ぎ去ろうとしているのであり、あらためてこの四半世紀を追体験してみたい。

冷戦の終結は、安全保障政策を根本から変化させ、ドイツ統一という世界的悲願を達成させたが、同時にそれ以外の中東や旧ソ連圏で武力衝突、民族紛争、難民問題などが続発した。それは時代の変革期にあって避けられないことではあったが、日本では、米国との関係で湾岸戦争に際して、「国際貢献」の在り方が鋭く問われ、平和主義は「一国平和主義」と揶揄されることになった。結果的には、一九九二年に「国際連合平和維持活動等に対する協力に関する法律」(PKO協力法)が国会を通過し、その後法改正を通じて現在に至っているが、そこに至る安全保障観の変化を再考しておきたい。

まず、PKO協力法の前に、九〇年の湾岸危機から戦争に至るなかで、国際貢献が叫ばれ、その「貢献」の在り方が模索されたなかで、「国際平和協力法案」が自民、公明、民社の三党で国会に上程されたが、その後廃案になった。廃案後に三党による「国際平和協力に関する合意覚書」(九〇年一一月)が出され、そのなかには、「自衛隊とは別個の国連平和維持活動の組織をつくる」という一項が盛り込まれていた(緑風出版編集部編『PKO問題の争点(分析と資料)』緑風出版、一九九一年、二九〇頁)。

しかし、自民党ばかりでなく、内閣法制局もこの法案を上程した時点では、自衛隊の「参加」を違憲としていたが、その後「(平和)維持軍が武力行使を行っても、(その際、撤収するとか、要員の生命等の防護に限定するなら)参加は武力行使と一体化するものではなく憲法に反しない」と解釈を変更することになり、PKO協力法へと変わったのであった。

と同時に、「国際貢献」をめぐって紆余曲折があり、なかでも多大の資金援助という「国際協力」をしたにもかかわらず、国際社会ではなんらその意義は認められなかったというこの間の「屈辱」が、逆に軍事協力の方向を生み出すことになり、一〇年後の九・一一事件とその後のアフガニスタン、イラク戦争への対応を決定することになった。

こうして自衛隊が海を渡ることになったが、PKO協力法は、協力本部を設置し首相を本部長とした。その意味では国連中心ではなく「一国主義」であり、「一国自衛隊派兵」に変貌した。この時点から、「個別的自衛権による専守防衛」は、「国際化のなかでの集団的自衛権」が主張し始める。

一方、米国務省もリチャード・アーミテージを中心に、安全保障の専門家を多数招集して、冷戦後の対日安全保障政策を検討した。慎重な検討を経て二〇〇〇年に「米国と日本:成熟したパートナーシップに向けた前進」と題する報告書を発表した。この報告書が冷戦後の方向性を決定した、結果的には画期となっている。

報告書によれば、有事立法の制定、平和維持・人道援助への参加、一九九四年の北朝鮮の核開発を念頭に置いたミサイル防衛協力、集団的自衛権の禁止の解除、軍事力の分担の推進を提案しているが、提案は報告書が出る前後までにほぼすべてが実現し、現在の集団的自衛権の解除のみが議論になっていると見ることができる。

アーミテージ報告は、一言で言えば「日本の米国への軍事協力化」であり、具体的には、日米同盟を宣明した安保共同宣言であり、日米防衛協力の指針の改定であり、それに基づく周辺事態法の制定であり、米国の九・一一事件(二〇〇一年)を挟んだ武力攻撃事態法などの有事立法であり、特定秘密保護法の制定であった。

安保共同宣言から有事法制へ

安保共同宣言(一九九六年)は、東アジアには依然として「不安定性」が存在するとの認識に基づいて、「日米安保条約を基盤とする両国間の安全保障面の関係が、二一世紀に向けてアジア太平洋域において安定的で繁栄した情勢を維持するための基礎であり続ける」とした。しかしこれは日米安全保障条約が、在日米軍は「日本国の安全に寄与し、並びに極東における国際の平和及び安全の維持に寄与する」(六条)と定めていることに反することは言うまでもない。当時は「安保の再編」と言われ、さまざまな「再編」が行われることになった。

宣言は、日米防衛協力の指針(ガイドライン)の改定も定めた。そもそも安保条約は、日米の共同防衛は「日本国の施政の下にある領域」への武力攻撃に対し、日米が「共通の危険に対処する」(五条)と定めている。従って、先の六条との関係も含め一九七八年のガイドラインは「日本有事」と「極東有事」を定めていた。ところが、宣言で「改訂」が定められたこともあり、「新ガイドライン」(一九九七年)では「周辺事態の有事」と「日本有事」に変わった。新ガイドラインは「日本有事」はまったく形式だけで、実質は「周辺事態」が目的であることは明白だ。

ガイドラインは、国内法として「周辺事態法」(一九九九年)を制定した。そもそも「周辺事態」とは、単に日本の周辺と思いがちだが、「周辺事態の概念は、地理的なものではなく、事態の性質に着目したもの」とされ、有事の対象は「事態の性質」によることになった。しかも、周辺事態を定義して「我が国周辺の地域における我が国の平和及び安全に重要な影響を与える事態」と、さらに具体化され、事実上「地球の裏側まで」対象にされると解釈されかねない内容となった。その際の米軍と自衛隊の協力関係も定め、自衛隊は「米軍に対する支援措置」を行うことになった。こうした日米の「調整」関係は、今後の自衛隊、さらには自民党の憲法改正草案にある国防軍の在り方に重要な意味を持っている。

今回、二〇一三年に日米の外務・防衛閣僚は、このガイドラインの改正、正確には再改定、に合意し、一四年には再改定指針が成立する運びとなるとされている。改正理由は、テロ・海賊対策、宇宙・サイバー対策を加えるためと言われている。つまり、本書の主題の一つである集団的自衛権のかかわる問題である。

憲法九条一項及び二項

本書の第一部で、安保法制懇の「報告書」はたびたび引用されている。報告書では、集団的自衛権は、次期のガイドラインの改正を目前にして、憲法九条の解釈変更こそ焦眉の問題と考えられている。

九条の解釈論についてはいくつか挙げられているが、報告書は政府解釈にかかわる二つの学説を紹介している。その一つが「芦田修正」である。

いわゆる「芦田修正」とは、憲法を審議した衆議院の憲法改正小委員会(秘密会)の委員長であった芦田均が、憲法九条二項の「陸海空軍その他の戦力は、これを保持しない」の頭部に政府原案にはなかった「前項の目的を達するため」を追加したのは、自衛のための武力行使を可能にするための修正だったと芦田自身が主張し長い間そう理解されてきた(自衛戦力合憲論)。それは、報告書にあるように芦田自身が一九五七年に修正意図をそう述べたことによっている。しかも、芦田はその事実は国会審議の際の秘密議事録と自身の日記とに残されているがどちらも当分秘密だと言ってきた。その後、七九年には『東京新聞』がいまだ秘密の日記をついに入手したとして前述のような内容を報道した。

ところが、その日記『芦田均日記 全七巻』が八六年に刊行され（岩波書店刊）、秘密扱いだった議事録も九五年に公開されると、いずれも芦田が主張してきたようには述べられておらず、「前項の目的を達するため」を追加した理由は単に二項で一項の条文との「重複を避ける」ためであったという衝撃的事実が判明し、自衛戦力合憲論は完全に論拠を失ったのである（『第九十回帝国議会衆議院 帝国憲法改正案委員小委員会速記録』一九六頁）。先の新聞社は、読者に「おわび」を掲載したほどであった。つまり、この時点で「芦田修正」は、依然存在しても立法事実としては「重複を避ける」という修正以外のものではなかったのである。

しかもその後、二〇〇〇年四月六日に衆議院憲法調査会で、政治学者の北岡伸一参考人は、「〔芦田の〕発言にはそういう意図は出てこない」ことを認めつつ、芦田がそう言ったのは「GHQに気づかれるといけない」ためだ、と述べていたのである。

ところが、今回の報告書はさきの北岡証言を無視して「芦田修正」の問題点をなんら躊躇することなく、この事実を完全に秘して、「芦田修正」が、かつて芦田が主張したように「自衛戦力合憲論」としてそのまま不変であるように記載しているのである。

その上、報告書の九条解釈は、二重三重に事実に基づいていない。まず、今日でも有効な政府解釈である一九五四年一二月の鳩山一郎内閣の大村清一防衛庁長官による国会答弁である。報告書は「一九五四年以来、国家・国民を守るために必要最小限度の自衛力の保持は主権国家の固有の権利であるという解釈を打ち出した」としているが、衆議院の議事録では「自衛隊のような自衛のための任務を有し、かつその目的のための必要相当な範囲の実力部隊を設けることは、何ら憲法に違反するものではない」とある。

五四年の政府解釈の最大の眼目は、自衛隊は憲法九条二項の禁止する「陸海空軍その他の戦力」の「戦力」に該当せず「実力」であり、従って自衛隊は憲法九条に違反しないとの解釈を打ち出すことにあった。つまり、政府解釈は「実力」とすることで、今日も「自衛隊は合憲」とされてきたのであり、報告書が言うように「自衛力」とは言っていない。「自衛力」を、「自衛実力」とは解せないから「自衛戦力」と解すれば、自衛隊は違憲になってしまう。

そして最後に、この報告書の最重要な憲法解釈部分はつぎの点である。「〔従来の〕国会答弁において、政府は憲法上認められる必要最小限度の自衛権の中に個別的自衛権は入るが、集団的自衛権は入らないという解釈を打ち出し、今もってこれに縛られている」と批判し、つぎのように提言している。「『必要最小限度』の中に集団的自衛権の行使も含まれると解釈して、集団的自衛権の行使を認めるべきである」と。

しかし、そうした集団的自衛権を合憲としない解釈にはそれなりの合理性があったのである。

報告書は、憲法制定時の吉田首相は日本は自衛戦力をも放棄したと述べていたが、保安隊設立後は、「保安隊は近代戦争遂行能力を有しないから戦力に該当しない」との解釈を打ち出し、自衛隊が設置されると「戦力」解釈に替えて「必要最小限度の自衛力の保持」とつぎつぎと政府解釈を変更してきたではないか。であったら、集団的自衛権の行使も政府解釈の変更で憲法解釈できるではないか、認めるべきだ、と主張している。

しかし、冷静に考えてみてほしい。吉田解釈の時代は軍備を持たない時代であり、保安隊の「戦力」解釈は、保安隊という陸海、つまり空を持たないので、航空部隊を有した第一次大戦以降の近代戦を遂行する「戦力」を有しないと解釈したのである。その後の自衛隊は、陸海空三軍を持った近代戦遂行能力を有すると考えた政府はさきの「戦力」解釈では自衛隊は違憲の存在になるので「必要相当な範囲の実力」と変更したのである。つまり、解釈の変更は、それ以前に法律により組織の変更を行ってきたのである。

その後の自衛隊という「実力」はまったく不変である。であるがゆえに、個別的自衛権を前提に組織されている自衛隊を憲法上認めている自衛隊法をなんら改正する以前に閣議で解釈をもって集団的自衛権を加えることは不当なのである。仮に、報告書のごとく、「集団的自衛権」を認めるべきだと主張したいならば、憲法を改正して、自民党の憲法改正草案にあるように自衛隊に替えてあらたに「国防軍」を創設する以外にないのである。

整合性はどこに——「憲法も安保も」の結末

冷戦の末期からであろうか、それはむしろ「バブルの時代」と言った方が正確なのかもしれない。「憲法も安保も」という世論が多数を占め、「生活保守主義」という言葉が飛び交った時代でもあった。「憲法も安保も」どちらも手放し難く、いまの快適な生活を今後とも維持したいという「生活保守主義」であった。

いま、あらためて回顧してみると、冷戦の終結から数年後に、湾岸戦争を挟んで日本ばかりでなく、米国の対日政策も急旋回を遂げたのである。もちろん、事はそれほど単純ではないにしろ、日米、特に米国は日本の対日政策に「危機」を感じたに違いない。

日米安保とは冷戦政策の賜物であるという認識、逆に言えば、冷戦後は日米安保ではない選択がされてしまうかもしれない、あるいは日本の反安保勢力は弱体だが、日本のナショナリストや保守勢力も冷戦後には日米安保に替わる政治体制を作るかもしれないという危機意識である。日本ではそうした認識を政治家も国民もどこまで持っていたのだろうか。日本人にとって安全保障とは、英語表現では security＝セキュリティは、「油断」をも意味するが、まさにそれであったのではないのか。

「冷戦下」で冷たい戦争を強く意識し、平和への戦いをし、冷戦の終結を切望して、「平和国家」に相応しい安全保障政策を模索していれば、「いまこそ平和の実現を」という発想が生まれたに違いない。「生活保守主義」を謳歌する時代など生まれようはずもなかったのである。

憲法と安保政策はこの頃を境にして根幹から変わったのである。それはまた自衛隊が国家の中心に躍り出てきた時代、民衆の政治意識が希薄化し、「内向き社会」へと変貌した時代であるとも言えよう。

われわれは、政府から「武力攻撃」があると煽られると、武力攻撃を受けることは、相手国に武力攻撃をかけることに繋がると解して、それに至らないうちに、いかなる「平和攻勢」をかけるかという日本国憲法の平和戦略をすっかり置き忘れてしまったのではないのか。それはまた生活保守主義の生み出した結末でもあった。

憲法のみならず、安保条約もどちらも条文そのものはまったく変えずに、憲法九条も、安保の共同防衛を定める五条も、在日米軍基地を定める六条も、どちらも政府の「解釈」で完全に変わってしまったのである。いまや、「解釈改憲」どころか「安保の解釈改訂」でもある。政府あるいは有権者は、どこに統治あるいは被統治の整合性・正統性を求めることができるのであろうか。

憲法と安保。いずれもこの国の基本法が、あって無きがごとくになっているとき、残るものはなんであろうか。もはや、多くを語る必要はあるまい。再度、国民が主権者であり、その主権者に相応しい未来への責任が求められているのである。

第 *III* 部

日本の果たすべき国際的役割

世界最大の兵器展示会であるユーロサトリに戦後初めて出展した日本のブースで，訓練用のゴム製銃を手にする武田良太防衛副大臣(2014 年 6 月 16 日，写真提供：共同通信社)

第一章　「積極的軍事主義」の行方

1　日本版「死の商人」への道

武器を輸出して平和を

第二次安倍政権の外交政策における一枚看板は「積極的平和主義」である。しかし、すでに指摘してきたように、集団的自衛権の行使は海外における「戦争」を意味するのであり、官邸が与党協議のために提示した「一五事例」は、自衛隊の武力行使の枠を質量ともにいかに拡大するか、という課題意識に徹したものである。つまり、「積極的平和主義」とは現実には「積極的軍事主義」をめざすものと言うべきであり、それを象徴的に示すのが、武器輸出三原則の撤廃に他ならない。

そもそも武器輸出三原則とは、一九六七年に佐藤栄作内閣が、共産圏諸国、国連決議で禁止された国、「国際紛争の当事国またはそのおそれのある国」という三つのカテゴリーの国々への武器輸出を禁止したものであり、七六年になって三木武夫内閣がこれら以外の国へも禁止対象を拡大したことで、「実質的には全ての地域に対して輸出を認めない」こととなった。

その後、中曽根康弘内閣で米国に対して「武器技術」の輸出が「例外」として認められたが、右の三原則は「国是」として維持されてきた。しかし、民主党の野田佳彦内閣が二〇一一年に、「我が国と安全保障面で協力関係にある国」と共同開発・生産する場合に輸出を認めるという大幅な原則緩和に踏み切った。とはいえ、少なくとも「国際紛争の助長回避という基本理念」は残された(豊下『「尖閣問題」とは何か』第六章五節)。

ところが本年(二〇一四年)四月一日、安倍内閣は過去半世紀近く維持されてきたこの三原則そのものを撤廃し、代わって、「防衛装備移転三原則」なるものを策定したのである。そこでは、安全保障環境が一層厳しさを増していることからして、「防衛装備の適切な海外移転は、……国際的な平和と安全の維持の一層積極的な推進に資する」と明記されている。

「防衛装備の移転」と表現されているが、これは「武器輸出」を言い換えたものにすぎず、閣議決定が言いたいことは要するに、「武器を輸出して平和を推進しよう」ということなのである。これほど、「平和」という言葉の欺瞞性が現れている例はないであろう。

イスラエルに戦闘機を輸出

それでは、「移転」が禁じられる新たな三原則とは何であろうか。第一は条約や「国際約束」の義務に違反する場合、第二は国連安保理の決議に基づく義務に違反する場合、第三は紛争当時国である。ここで紛争当時国とは、「武力攻撃が発生」し、国際の平和を維持し回復するために「国連安保理がとっている措置の対象国」と定義されている。

これまでの三原則に比べ、なぜかくも曖昧な「原則」になっているのであろうか。その理由は、一ヶ月前の三月一日の菅義偉・官房長官「談話」に示されている。「談話」は、国内企業が参画し部品を製造する最新鋭ステルス戦闘機F35を「米国政府の一元的な管理」の下で輸出を可能とするとの閣議決定を公表したものであったが、ここに至り「国際紛争の助長回避」との文言は外された。これによって「談話」が実質的に言いたいことは、日本製部品を装備したF35が米国を経由してイスラエルに輸出されることを安倍政権として認める、ということなのである(『毎日新聞』二〇一四年四月一二日)。

つまり、イスラエルにも輸出できるように、「紛争国」の定義を不明瞭なものにしたのである。

しかし、すでに述べたように、そもそもイスラエルは一九八一年六月にイラクの原子炉に奇襲空爆を加えて完全に破壊したが、これに対し国連安保理は「武力不行使の原則」(国連憲章二条四項)を犯したと非難したばかりではなく、直ちにIAEA(国際原子力機関)の査察を受けるべきこと、つまりはNPT条約に加盟することを全会一致で可決したのである。ところが、以来三〇年以上にわたり、イスラエルはこの安保理決議を無視し続けてきたのである。

占領地域への入植地拡大を禁止する決議も含め一連の安保理決議に違反を続け、しかも中東紛争のただ中にあるイスラエルに対してさえ戦闘機(武器と言うより兵器そのもの)を輸出できるとなれば、新三原則には、事実上いかなる〝歯止め〟もないと言わざるを得ない。まさにそれは、「国際紛争の助長」に直結するものであり、「積極的軍事主義」そのものであり、遂に日本が「死の商人」への道に踏み出すことを意味している。かくして、本年(二〇一四年)六月下旬にパリで開催された世界最大規模の兵器展示会(ユーロサトリ)に、日本のブースが初めて設置されたのである。まさに、国際兵器市場への日本の〝お披露目〟に他ならない。

「イラク・ゲート」事件

なぜ安倍政権は、武器三原則を国是として掲げてきた日本を、かくも誤った道に導こうとするのであろうか。それは、イラク戦争の〝起源〟である湾岸戦争の本質を総括し切れていないからである。一九九〇年八月二日のイラクによるクウェート侵攻に対し、翌九一年一月に「多国籍軍」が安保理決議を背景に軍事作戦を展開し、イラクをクウェートから撤退させた。この湾岸戦争に際し、日本は九〇億ドル(最終的には一三五億ドル)もの巨額を拠出しながら、当のクウェートからは、いかなる「感謝」も受けられなかった。

だが現実には、クウェートが日本を無視したのは当然のことであって、日本の支援額一兆一七〇〇億円のうち同国に渡ったのは六億二六〇〇万円にすぎず、九割以上は米国に流れたからなのである(『日経新聞』二〇一四年四月二七日)。とはいえ、「カネだけ出して汗も血も流さない」とのトラウマを日本は抱え込み、その後の「国際貢献」論に拍車がかかることになった。

しかし、こうした総括はきわめて皮相なものである。なぜなら米国自身において、いわゆる「イラク・ゲート」事件の追及が本格化したからである。この事件の詳細は、ハーバード大学の中東研究者ジョイス・バトルなど専門家一〇名のチームが情報公開法を駆使して膨大な関係資料を収集し、一九九五年に刊行した資料集『イラク・ゲート』(*Iraqgate: Saddam Hussein, U. S. Policy and the Prelude to the Persian Gulf War*, Project Director, Loyce Battle, Washington, 1995)によって検証することができるが、要するに、レーガン政権下の一九八三年頃から、ブッシュ・シニア政権下でイラクのクウェート侵攻が行われた前夜まで、イラクの穀物輸入に関わって米国政府が供与した総額五〇億ドルにものぼる債務保証をフセイン大統領が化学兵器開発や大量の兵器調達に充てていた、という一大スキャンダルなのである。

事件の背景には、一九八〇年に始まったイラン・イラク戦争があり、ホメイニ革命のイランに敵対するイラクを米国は「重要な友好国」と位置づけることになったのであるが、皮肉なことにその契機は、後に国防長官としてイラク戦争を指揮することになるラムズフェルドがレーガン大統領の「特使」として九三年末にフセイン大統領を訪問したことであった。かくして、翌九四年には正式の国交が結ばれて米国とイラクは〝蜜月〟関係となり、膨大な兵器が供与されていくことになった。だからこそ、イランやイラク国内のクルド人に対して「イラクは今やほぼ毎日のように化学兵器を使用している」との情報が現地の米国関係者から本国に送られても、一切無視されたのである。

問題は米国だけではなかった。一九八八年にまで及ぶイラン・イラク戦争の最中、さらには戦争の終結後も、サッチャー政権下の英国、フランス、旧西ドイツ、旧ソ連などの軍需産業にとってイラクは格好の「兵器市場」となり、最新の軍事テクノロジーや関係資材、「二重用途」(dual use)の製品などが、文字通りなりふり構わず売り込まれたのである。だからこそ、「イラク・ゲートの犯罪」を追及した『ニューヨーク・タイムズ』紙の保守系コラムニストであるウィリアム・サファイアは、湾岸戦争の翌九二年五月一八日付のコラムで、「ペルシャ湾における戦争(湾岸戦争)は、途方もない外交政策上の大失策によってもたらされた」と断じたのである(豊下『集団的自衛権とは何か』第五章)。

〝思考停止〟の「有識者」

要するに湾岸戦争とは、イランに侵攻した侵略者であり、米国務省でさえ「世界における最も野蛮で抑圧的な体制」と看做していた独裁者フセインが率いるイラクに対し、「兵器輸出諸大国」が膨大な可燃物資を売りさばき、その結果モンスターと化したフセインが大火事(クウェート侵攻)を引き起こすと、モンスターを育てた自らの責任は棚上げにして、「共同して消火に努めるのは国際社会の責務だ」と、恥ずかしげもなく言い募った戦争に他ならないのである。

すでに戦争から二十数年が経過し、新たな外交資料や研究書が出ているにもかかわらず、日本の政界やメディア、さらには「有識者」においてさえも、相も変わらず「カネだけ出して汗も血も流さなかった」といった低俗で情緒的なトラウマにとらわれ続けていることは、知的怠慢であり知的劣化と言う以外にない。

例えば、柳井俊二・元駐米大使は湾岸戦争について、「日本は人的貢献はできずに、一三〇億ドルのお金を出すだけだった」「『自衛隊が国際平和のために活動できない憲法解釈はおかしい』と感じながら、苦しい答弁を(外務省条約局長として)繰り返した。それを『トラウマ』というかは別にして、何とかしなければいけないという気持ちは、ずっと持ってきた」と述べている(『朝日新聞』二〇一四年五月一八日)。率直なところこの発言は、湾岸戦争の時点でそのまま〝思考停止〟状態に陥り、問題を歴史的に検証し直す意思と能力の欠落を示すものと言わざるを得ない。しかも柳井・元駐米大使は、安保法制懇の座長なのである。問題は、深刻きわまりない。

「イラク・ゲート」事件で明らかなように、日本はトラウマどころか全く逆に、フセインに対して一切の兵器を供与しなかったことに〝誇り〟を持つべきなのである。ところが、湾岸戦争の本質が、諸大国のなりふり構わぬ兵器輸出にあったという厳然たる事実があるにもかかわらず、それを無視し、その愚を繰り返そうとするのが、安倍政権が踏み切った武器三原則の撤廃に他ならないのである。

「作用反作用の力学」

それでは、日本が本格的に「兵器輸出国家」になっていくことは何を意味しているのであろうか。本年(二〇一四年)三月一七日にスウェーデンのストックホルム国際平和研究所が発表した世界の兵器取引に関する報告書によれば、中国は兵器輸入量で第二位(全輸入量の五%、第一位はインドで一四%)につけたが、とりわけ英独仏やイタリアなどEU諸国からの軍事関連物資の調達額は、二〇一〇年までの一〇年間で約三五億ユーロ(約四九〇〇億円)に達した。しかし同時に中国は、兵器輸出においてもフランスを抜いて第四位となっている。さらに韓国も、近く兵器輸出で世界の一〇位以内に入るとの見通しである。

また英紙『フィナンシャル・タイムズ』は、右の報告書をうけて、中国の強大化を背景として、インド、韓国、ベトナム、マレーシア、シンガポールなどアジア諸国で軍備増強が急速に進んでいることに警鐘を発した(二〇一四年四月三日)。この問題についてオーストラリア国立大学のデズモンド・ボール教授は「作用反作用の力学」を指摘しているが、これはまさに「安全保障のジレンマ」にアジアが陥ってしまっていることを意味している。

このように見てくるならば、日本の「兵器輸出国家」への道は、このジレンマを一層深刻なものとし、アジアでの軍備拡張に、さらなる弾みをつけるものとなるのは間違いない。

2 果てなき「軍拡」の果て

アジア無人機戦争の時代

安倍政権が乗り出した新防衛計画の大綱や中期防衛力整備計画は、米国の国防総省や軍需産業が推し進める「統合エア・シー・バトル構想」との「一体化」をめざすものである。二〇一〇年に米国議会に提出された同構想は、宇宙・空・海・陸・サイバー空間など「全次元」において中国の攻撃に対抗しようとするものに他ならない。

当然ながら中国の側も、この構想に対峙すべく「全次元」での兵器開発に拍車をかけている。米国の軍事戦略が宇宙に張りめぐらされた軍事衛星網によって成り立っている以上、中国はすでに二〇〇七年には地上発射の衛星攻撃ミサイルの実験を成功させたが、今や宇宙空間において「敵」の衛星を攻撃する無人衛星の開発を具体化させつつある。同時に、空軍と宇宙開発を統合した「空天一体」の戦略に基づいた強大な空軍建設にも乗り出した。

さらに深刻な問題は、無人機の開発である。この分野では米国が先行し、今やステルス式空母艦載型無人爆撃機や核搭載可能の次世代型無人長距離爆撃機さえ開発されつつある(大治、前掲書、第四章)。しかし中国も、無人機の保有機種数で世界第二位の座を確保し、米軍に対抗して昨年(二〇一三年)の秋以降、尖閣諸島周辺にも無人機の投入を始めた(『日経新聞』二〇一三年一一月三〇日)。かくして現状は、米誌『フォーリン・ポリシー』が「無人機戦争がアジアに訪れた」という特集記事を掲載する(二〇一三年九月一七日)ところにまで立ち至っているのである。

同じく懸念されるのは、ロボット兵器の開発である。この分野でも米国が先行し、陸軍の兵士数の削減を相殺するものとして「ロボット小隊」の編成さえ検討され始めている。しかし、中国も二〇一五年には産業用ロボットの新規設置台数で世界の首位にたつ見通しで、この技術は当然のことながら軍事転用されるであろう(『日経新聞』二〇一四年一月三一日)。こうして、「ロボット兵士」や「ロボット兵器」の構想が本格的に登場することで、第一次大戦から一〇〇年を迎えた二〇一四年は、「ロボット戦争を巡って人類が本格的な議論を始めた年として記録」されようとしている(『朝日新聞』二〇一四年一月三日)。

ここに、米国がイランの核施設に加えたサイバー攻撃(コンピューターウイルスの「スタックスネット」)や中国による日常的なサイバー攻撃といったサイバー戦争を加えるならば、将来的に危機管理体制が破綻し、仮に米中戦争が勃発した暁には、全面核戦争が想定された米ソ冷戦期とは違う、新たなレベルでの、おぞましく悲惨極まりない「全次元戦争」となることが予想される。いま問われていることは、こうした「戦争」の一翼を日本が担う方向に向かうべきなのかどうか、ということなのである。

第二章　「国際社会のルール化」とは何か

1　「例外主義」と「拡張主義」の狭間で

「行動の自由」と中国の台頭

それでは、今日の米中関係を歴史的にどのように捉えれば良いのであろうか。米国は超大国として、「国際紛争を武力で解決する」ことを原則に戦後世界を秩序づけてきた。従って、米国自身はもちろん国際社会も、米国が国際法に縛られず単独行動主義をとることを、事実上「例外」として許容してきた。

ところが、今や中国が新たな超大国をめざして猛烈な勢いで台頭してきた。しかもこの中国は、余りに急速に大国に成りあがった結果、国際社会での振る舞い方についていまだ〝学習過程〟にあり、既存秩序への挑戦と勢力の拡張に余念がない。例えば、防空識別圏をあたかも領空であるかのように認識していたことや、自衛艦への射撃レーダーの照射事件、あるいは「二〇〇〇年前から中国のもの」と主張して九段線と呼ばれる南シナ海での領有権を正当化しようとすること、などは象徴的である。従って国際社会は、この中国を普遍的なルールの枠内に組み込んでいかねばならないし、米国も強くそれを要請している。しかし問題は、その米国が、今なお「例外」の地位に固執しているため説得力を欠いている、ということなのである。

その典型例は、国連海洋法条約である。同条約は「海のルール」を象徴するものであるが、実は先進諸国のなかで唯一米国だけが批准していないのである。批准に反対する米上院の言い分は、米国の主権への「受け入れがたい侵害」であり、何よりも米海軍が「単独行動をとることが阻害される」から、というのである(豊下『「尖閣問題」とは何か』二六九〜二七〇頁)。こうした議論立てが、ルールを無視する中国の行動の正当化に利用されるであろうことは言を俟たない。

同様の問題は、無人機についても言える。無人機による「テロとの戦い」は、実はオバマ政権下においてブッシュ政権期を「はるかに上回る規模」で展開されている。しかし、アフガニスタンやパキスタン、中東、アフリカなどの諸地域に米本土から遠隔操作でなされる無人機による「テロリスト」への攻撃は、秘密裏に執行される「処刑」であり、しかも多くの民間人を巻き添えにするとして、国際法違反との批判が国連をはじめ国際社会において高まっている。しかしオバマ政権は、「あらゆる規定において適法」との主張を繰り返すばかりである(大治、前掲書、二〇八頁)。

問題は、米国が無人機攻撃において、国際法による縛りを嫌い単独行動できる状況がいつまでも続かない、ということなのである。すでに中国は急速に開発を進めているのであるが、その中国が米国と同様の論理を使い、本格的に無人機攻撃に乗り出してきた場合、米国はいかに対応するのであろうか。

実は宇宙の軍事利用でも、米国は「行動の自由」を享受するため長年にわたって国際的な規制に反対してきたのであるが、中国が本格的に「宇宙軍拡」に乗り出してくる状況において、何らかの対応に迫られざるを得ないのである。また、サイバー攻撃でもロボット兵器でも、米国が「例外」の地位を利して単独先行してきたのに対し、中国が急速に追い上げて米国に脅威を与えるという段階に迫りつつある。

以上の事態が示していることは、米国が享受してきた「例外」の立場に固執し続けるならば、それは結果的に中国の「拡張主義」を助長する結果を招くということなのである。つまり、中国を国際社会に組み込むためには、米国も「例外主義」を放棄して普遍的なルールの下に入り、それをもって中国に迫るやり方を取らねばならない、ということなのである。そして、米国と中国という超大国に挟まれた日本は、こうした方向においてこそ、その役割を果たすべきなのである。

中国の危機管理とは

ちなみに、本年(二〇一四年)一月に防衛省防衛研究所は『中国安全保障レポート・二〇一三』を刊行した。このレポートは、「日中間の安全保障分野における対話や交流、ひいては協力を深化させることに寄与することを期待して」まとめられてきたものであるが、この二〇一三年度版は中国における危機管理のあり方、なかでも「対外的な危機に中国が如何に対応し、危機の発生を如何に防止しようとしているのかを特に米中関係を事例として分析した」ものである。

レポートは、中国における危機管理には、①原則性と柔軟性の同時追求、②正当性と主導性の追求、③総合性と政治の優位という三つの特徴があると指摘する。その上で、中国共産党中央が様々なアクターを十分に統制できていないという見方と、政策決定は中央に集中され「強硬な姿勢と穏健な姿勢を巧みに使い分けており、それによって自国の利益の最大化を図っている」という見方の二つを挙げ、「本レポートは、後者の解釈が実像に近いという立場をとる」との認識を披瀝する。

このレポートの分析で興味ぶかいことは、中国共産党は日中戦争や国共内戦を経て一九四九年に権力を掌握して以降も、朝鮮戦争、台湾海峡危機、中印、中ソ紛争、中越戦争、在ユーゴスラヴィア中国大使館誤爆事件、米中軍用機衝突などなど、実に多くの危機を経験してきたのであり、「こうした経験は中国の危機管理にかかわる概念や原則の基礎となっている」と指摘していることとである。

こうした詳細で多方面の分析を踏まえて、レポートは結論としてまず第一に、「中国との間で危機管理を行うことは可能である」こと、第二に、中国の政策形成に関与するアクターが増加しており、これらのアクターと対話や協議を深め「中国の政策選好の形成に働きかける必要がある」こと、第三に、「中国との間で軍や海上法執行機関の運用にかかる安全基準の共有を図る場としての多国間枠組みを重視すべき」こと、最後に、「日中間では多層的な危機管理メカニズムの構築が不可欠となる」という四点をあげ、今後の日中関係に止まらず国際紛争への対処においても、きわめて重要な問題提起を行っているのである。

たしかに改めて考えてみれば、今日の世界は、地域レベルでも国際レベルでも、重層的に数多くの組織体が設けられ、各国はたえずそれらの場において「説明責任」を求められるのである。だからこそ中国は、南沙諸島をめぐるベトナムとの領土紛争をめぐり、ベトナムの積極的な〝宣伝戦〟に対抗するため、従来の「二国間問題」との頑迷な態度を改め、本年(二〇一四年)六月に入り、自らの領有権主張の正当性を訴えた文書を国連に提出せざるを得なくなったのである。問題はまさに、国際世論をいずれが獲得するかにある。国際世論の動向を無視して〝強硬路線〟を続けていれば、その意に反して、対中包囲網が形成される結果を招くのである。

2　「国際公共財」としての憲法諸原則

日本を危険にさらす兵器輸出

防衛省防衛研究所による右のレポートは、中国の危機管理体制の歴史と現状を詳細かつ冷静に分析した所産であり、そこから導きだされる結論は、緊迫する日中関係を軸に、日本が果たすべき国際的役割を検討する上で、実に示唆的である。

ところが、安倍政権は全く逆の方向に進みつつある。改めて兵器輸出問題に触れるならば、去る五月五日、日本とフランスは首脳会談を経て、「警戒監視に使う無人潜水機」の共同開発で合意を見た(『日経新聞』二〇一四年五月五日)。かつて無人飛行機も当初は偵察用であったものが、やがて無人攻撃機に展開したように、無人潜水機が攻撃型の無人潜水艦に成長することは必至である。

まさに日本は、無人機戦争のただ中に入ろうとしているのである。ところがフランスは、中国と密接な関係を維持して兵器の売り込みに躍起である。さらに、日本がF35を輸出するイスラエルは、ミサイルの先端技術を含むハイテク製品の対中輸出を、過去五年間で二・七倍に拡大し、二〇一三年度には一六億万ドルにまで近づいたのである(『日経新聞』二〇一四年五月一〇日)。日本が「防衛装備」で軍事協力を深めるフランスとイスラエルが、兵器輸出によって中国の「軍事大国化」に手を貸し、その脅威を増大させているのである。これほど馬鹿げた構図があるであろうか。

つまり、日本が本格的に参入しようとする兵器市場は、決して国際社会の平和に貢献するどころか、全く逆に緊張と不安定さを増大させるのである。日本がなすべきは、改めて武器輸出三原則に立ち戻り、紛争を惹起する兵器輸出を規制し、紛争が起こった場合には責任を問うことができるような、「兵器輸出国責任原則」の確立にこそ努めるべきである。

ロボット兵器についても、本年(二〇一四年)五月中旬に非公式専門家会合がジュネーブで開かれ、国際的な規制に向けての「初期的議論」が始まったが(『日経新聞』二〇一四年五月一二日)、「ロボット大国」たる日本は、兵器化の禁止にこそ全精力を注ぐべきなのである。

実は、二〇〇八年に宇宙基本法が成立し、一九六九年に採択された宇宙の軍事利用を禁ずる国会決議が反故にされたのであったが、この際に自民党は慎重姿勢の公明党に対し「憲法も武器輸出三原則もある。軍事利用には歯止めがかかる」と説得を行ったという(『日経新聞』二〇一三年一二月一五日)。ところが今や、憲法九条も解釈改憲で骨抜きにされ、武器三原則は撤廃されてしまった。つまり、「宇宙の軍事利用に歯止めがかからない」という事態を迎えているのである。現に、自民党の宇宙総合戦略小委員会は「自衛権の範囲内での宇宙の軍事利用」を包括的に推進するために、二〇一七年をめどに「宇宙庁」を設置すべきことを提言しているのである(『産経新聞』二〇一四年六月六日)。

以上のように見てくると、実は今日のように「安全保障環境が悪化」すればするほど、憲法九条に基づいた武器輸出三原則、宇宙の平和利用原則、原子力の平和利用原則、非核三原則、そして集団的自衛権は違憲であるとする「専守防衛」原則などの平和諸原則をこそ、「国際公共財」として日本が世界にアピールするべきなのである。

「信頼醸成の要石」としての沖縄へ

安倍首相は五月一五日の記者会見において、「日本は戦後七〇年近く、一貫して平和国家としての道を歩んできました。これからも、この歩みが変わることはありません」と述べた。しかし、そもそも「平和国家」としての〝一貫性〟を支えてきたものこそ、右の平和諸原則なのである。それらを事実上反故にしたり撤廃したりすることで、いかにして「平和国家」としての「歩みが変わることはありません」と言明できるのであろうか。

実は五月一五日は奇しくも、四二年前の一九七二年に沖縄が返還された、その日である。しかし、憲法九条をもつ本土への復帰にもかかわらず、沖縄の「基地の島」としての実態は、米軍支配下のそれと大きく変わるものではなかった。なぜなら、復帰時に日米両政府間で交わされた在沖米軍基地の使用条件に関する「五・一五メモ」(日米合同委員会関係文書)によって、米軍には実質的に、復帰前と同じ沖縄の基地の自由使用の権限が与えられたからである。

これだけ重要な意味をもつ五月一五日に記者会見をしておきながら、安倍首相は全く一言たりとも沖縄に言及することはなかった。なぜなら、沖縄に過大の犠牲を押しつける「沖縄タダ乗り」としての安保体制の構造が改善されるどころか、さらに強化されようとしているからである。言うまでもなく、辺野古に予定されている新基地は、単なる普天間基地の「移設」ではなく、新たな恒久基地の建設を意味している。

人口稠密な小さい島に米軍基地が集中し、騒音や暴行や汚染など日常的に人権を侵害するような状況が七〇年近く続いてきたことだけでも世界的に稀な事態であるが、恒久基地の新たな建設は、今世紀にわたって沖縄が「基地の島」として固定化されることを意味している。安倍首相が「日米対等」をめざして集団的自衛権に踏み込むというのであれば、本来ならば、「沖縄タダ乗り」に依存する安保体制のあり方の、抜本的な変更が提起されねばならない。こうした問題意識のかけらも持ちあわせていないからこそ、安倍首相は記者会見で、事実上沖縄を無視したのであろう。

緊張が激化し、下手をすれば沖縄が再び「捨て石」にされかねない情勢にあって、何より重要なことは、「軍事の要石」としての沖縄の立ち位置それ自体を変えていく展望を持つことであろう。その重要な手掛かりは、先に検討した防衛研究所のレポートに求めることができる。つまり、日本と中国や周辺諸国との、様々なアクター間での「対話や協議」であり、それを踏まえての「多層的な危機管理メカニズムの構築」である。

こうした方向性において問題を捉え直すならば、「軍事の要石」としての沖縄を、東アジアにおける「信頼醸成の要石」に変えていく、という展望を打ち出すことの重要性が明らかになってくる。東アジアにおける「信頼醸成」において最も重要な課題は、言うまでもなく「歴史問題」である。この点で、日本の侵略戦争の拠点であったが同時に「犠牲者」でもあった沖縄は、日本と中国や韓国など東アジア諸国とを「架橋」できる位置に立っているのである。

もっとも、安全保障を「軍事主義」の側面からしか見ることのできない安倍首相には、こうした展望のかけらも浮かばないであろう。そもそも、沖縄を半永久的に「軍事の要石」として固定化させ続けようとする日本の指導者や外務当局は、それ以外の代替を発想することさえできないという意味において、〝思考停止〟の状態にあると言わざるを得ない。だからこそ安倍政権は、サンフランシスコ講和条約(一九五二年四月二八日発効)第三条によって本土から切り離され米軍の支配下におかれた四月二八日を「屈辱の日」とする沖縄の意思を無視し、その神経を逆なでするかの如く、あえて同日を「主権回復の日」と定め、政府主催の記念式典(二〇一三年)さえ挙行したのである。しかし、いつまでも沖縄が「基地の島」としての立ち位置を甘んじて受け入れるであろうと考えること自体、「現実主義」どころか「理想主義」であり「幻想」そのものなのである。

第三章　いま、憲法を改正する意味

1　「贈る言葉」のある憲法を

不安のない未来のために

八〇年代の初めに、ある出版社が、日本国憲法の全文だけを、解説も付けずに原文を一条ごとに一面に配置し、風景写真を一頁ごとに配置し、表題に『日本国憲法』と銘打った書籍を発売して大きな反響を呼んだ。それを知った別の出版社が、まったく似た形の『日米安保条約』という名の書物を売り出したが、評判にすらならなかった。

この違いは、どこにあったのだろうか。理屈やイデオロギーではないだろう。日本国憲法は、最終版は作家の山本有三が書いた口語調で、理解しやすい言葉を使い、良くも悪くも日本人が日常使わない理想を掲げている。それに反しアンポは、皮肉なことにこちらの方が翻訳調で、馴染みのない用語と長いお役所条文が並び、内容はまさに軍事そのものだったからではないか。残念ながら、自民党の憲法改正草案は、まさにアンポそのものなのである。

たしかに、改正草案がアンポに近いことは、理念においてアンポに近いのだから、そうなっても不思議ではないが、違いの根本は、憲法は人権を掲げ、アンポは所詮軍事同盟である、ということだろう。自民党は、憲法改正草案とは軍事同盟をつくることではないことを肝に銘ずる必要がある。改正される憲法、それは若者たちに不安のない未来を実感できる「贈る言葉」、形式的な美辞麗句を並べた「言葉、言葉、言葉」から実質性をそなえた人権規定であることこそが求められているのである。

2 「国を開く」ということ

歴史の転換点において

日本の近代は、国を開きつつ進んできた。「万機公論」を謳った明治維新から、「平和と民主主義」を生み出した「戦後」まで、そこには常に「国を開く」ことによって国づくりを成し遂げてきた歴史がある。つまり、日本の近代は、歴史の転換点で国を開きつつ前へ進んできた。それはまたどこの国にとっても憲法は世界への開かれた窓であった。

いま、私たちは歴史の転換点に立っている。しかもそれは日本ばかりでなく、近隣のアジア諸国も、世界の多くの国々も同じ気持ちだろう。「近代の終焉」とか、「第二の近代」と言われているのもそのためだ。つまり、イギリスの社会学者アンソニー・ギデンズの言葉を借りれば、近代国家を形成してきた私たちは、今までの国家は大問題を取り組むには小さすぎ、小問題に取り組むには大きすぎる時代を迎えている（ギデンズ『暴走する世界——グローバリゼーションは何をどう変えるのか』ダイヤモンド社、二〇〇一年、三三頁）、ということだろう。いままでの国家像、憲法像の再考が迫られている。

いま、憲法を考えるとすれば、将来に向かって、日本の近代からの教訓と世界の現実を考えて、どのような国の開き方をするのか、ということになる。それを憲法に引き付けて考えるならば、国際社会と地域（地方）自治の問題ということだ。

自民党の憲法改正草案は、あまりにもナショナリスティックで、閉ざされた国家像を示している。軍事力の強化を中心に据え、人権を制限して、天皇制を強化するという三点セットは結党以来六〇年間不変である。それは軍事力を中心に国家を維持するという古典的な国民国家、明治憲法に近い国家像である。そんな国家像は「閉ざされた」と同時に「狭すぎる」のである。

安倍政権には、日本人が外国で活躍する姿ばかりが見えて、外国人が日本で活躍する姿、あるいは日本人が外国で助けられている姿は、見えないのではないのか。日本国憲法は、GHQの憲法改正案にあった「外国人の人権」を削除してつくられているが、実はその当時、米国務省はドイツ(当時は西ドイツ)でも同様に施政権下にあるすべての人への人権保障政策を盛り込み、ドイツは受け入れ、今日に至っている。遅きに失してはいるが、外国人の人権保障を検討することは、日本も難民条約に批准して法改正を余儀なくされたが、もはや避けて通れないのである。

国を開くためには、「積極的平和主義」など無内容なご託宣を並べるのではなく、日本国憲法前文の「平和のうちに生存する権利」の削除をやめ、東アジアの不戦条約に連なるような平和条項を盛り込む必要があるのではないのか。

その一方で地域(地方)にとって、いまの日本は「広すぎる」のである。郵政民営化、あるいは原発の現状が示すように大都市の利益と地域(地方)のそれとが、矛盾から対立へと進む時代になってしまっている。従来、「地方の時代」などと言われてきた時は、自治体の「団体自治」が中心課題であったが、いまやグローバリゼーションが進行するなかで、「住民自治」が、しかも深刻さを増すなかで問われているのである。

知事経験を持つ増田寛也元総務大臣らの調査によると、二〇四〇年には、半数の自治体が消滅する危険があるということである(特集「すべての町は救えない――壊死する地方都市」『中央公論』二〇一四年七月号)。安倍政権のキャッチ・フレーズをもじれば、「そのまま放置すれば地域の安全が脅かされる時代」なのである。

ところが、自民党の掲げる憲法改正草案は現行の日本国憲法同様に、憲法のおしまいのほうの第八章に「地方自治」を置いたままであり、大きな改革もしていない。皮肉を込めて付け加えれば、この「地方自治」の章は、GHQの憲法改正案が生みの親なのである。もうすこし「自主憲法」らしくしてみてはどうか。

たしかに、われわれは明治憲法、日本国憲法を通じて国を開いてきた。しかしそれは、中央集権国家の域を出ていなかった。いまわれわれに求められている「国を開く」思想とは、外に向かって開かれる、と同時に内に向かって、つまり地域(地方)住民の自治が保障される憲法が求められる時代なのである。

「富国強兵」のその先へ

私たちは、明治憲法の下で国を開いたが、結局は「富国強兵」国家になった。日本国憲法下でも結局は、「富国強兵」国家になっている。

それは、GDP(国内総生産)が世界第三位、軍事費が世界第六位で、それはまさに「富国強兵」そのものである。人権の分野においては、すべてとは言わないまでも、残念ながら世界の最底辺を歩んでいると見ていいだろう。たとえば、国連総会は、一九九三年に国内人権機関の設置を求める決議（パリ原則）を定め、一二〇ヶ国が設立に参加したが、日本はいまだ設置を決めていない。女性国会議員は、男性比八％で世界一八九ヶ国中一二七位。女性の就業率は先進国三〇ヶ国中二二位。裁判のための法律扶助費は、他の国との比較基準が困難だが、たとえば、イギリスの法律扶助への国庫補助一一四六億円（一九九四年）、ドイツは三六三億円（一九九〇年）、フランス一八二億円（一九九三年）、これに対し日本は四・二億円（一九九八年）。GNP（国民総生産）に占める教育費はOECD（経済協力開発機構）三〇ヶ国中最下位。国際人権規約で高等教育漸進的無償化を留保しているのは、数年前まではルワンダ、日本、マダガスカルであったが、ルワンダが留保を撤回したため、日本とマダガスカルのみになっている。まだあるが、楽しい話ではないのでこの辺でやめておこう。

自国を表現するキャッチフレーズはいろいろあるとしても、政府の政策を見ても「富国強兵」国家、しかもだいぶバーチャル（虚像）化して、「マネー・ゲームとウォー・ゲーム」がもてはやされる富国強兵国家になっていると言わざるを得ないだろう。「平和国家」は形だけだ。

従って、私たちは無意識に「国際化」とは、国を開いて外に出てゆき、日本のために貢献し、帰国とともに国を閉じる、そういう国柄になってしまった。日本のために世界で活躍することが国際化と理解すると、外国人が日本に来ると日本に貢献することが当然と考える。

ミャンマー（ビルマ）が独裁国家であった時は、ミャンマーの民衆の人権のために何一つ援助をせず、在日ミャンマー人が民主化を求めてデモをし、ハンストをしていた時も見て見ぬ振りをしていたにもかかわらず、米国の政策転換が始まると、政府も財界も学者もわれ先に安い労働力を求めて押しかける、あるいはオリンピックで建設労働者が不足すると予測し、急遽外国人の入国を一時的に認める。ところが与党・自民党の憲法改正草案は、外国人の地方参政権を明確に否認している。清少納言も言葉を失うほどの「浅ましき様」、これでは外国人に「使い捨てだ」と言われても致し方あるまい。

こう述べると、「自虐的」との批判は言うまでもなく、中国に「脅威」を感じている人々から、批判の矢が飛んでくる。しかし、その「中国の脅威」は、中国から見れば「富国強兵」の先輩の日本に脅威を感じているのではないのか。良きにつけ悪しきにつけ、日本と中国はあまりにも価値観が似過ぎてしまったのだ。お互いに「自国のことのみに専念して他国を無視」してきてはいないのか。視点を変えて、日本が中国の人権活動家を支援したり、自由な選挙や労働運動を奨励したり、公害の除去に日本の教訓を提供したりしてみてはどうか。「戦略的互恵」などという言語矛盾の概念を張り合わせることはやめて、「正々堂々の批判と援助」をすべきではないのか。もちろん人権をめぐる闘いは、相互批判になるが、そこはまさに人権をかけて外交論争をすればいいのであり、それによって対立が生ずるであろうが、そもそも国家同士の対立は存在しているのであり、それを通じて進歩・発展と「固い絆」が生まれるのではないのか。

たしかに日本国憲法は古くなった。前文に「国際協調主義」は掲げてあるが、具体的な条項は、「条約遵守義務」が定められているくらいだ。いまや人類最大の脅威である地球環境、感染症などの国際的環境権、あるいは環境の安全保障条項はどこにもない。否、自民党の憲法改正草案にもない。なんらかの国民合意を達成するためには、残念ながら根本に立ち戻った議論が必要なのだと、現状を見て嘆息するばかりである。

第四章　「安全保障」認識の転換を

1　激変した「戦争」と安全保障

個々人の安全保障をどう守るのか

先のギデンズの言葉を再び引用すれば、「今日、国家がさらされているのは『敵』ではなく、もろもろのリスクと危険である」（ギデンズ、前掲書、四四頁）と現代の脅威を喝破している。

冷静に歴史を見直してみれば、一九七〇年代の末に、侵略を受けた場合に際し、超法規的措置をとらざるを得ないと危機を煽った統幕議長がいたが、結果はソ連から侵略を受けることはなく、逆にソ連の方が崩壊してしまった。

武力攻撃事態法を読む限り、日本が武力攻撃を受けることが前提になっているが、日本はそもそも八〇年前に外国を侵略した経験はあるが、外国が日本を侵略してきたことは、一三世紀にモンゴル帝国の「元寇」が侵略してきた以降、その後七百数十年間は侵略を受けていない。吉田茂首相は、朝鮮戦争真っただ中で行われたサンフランシスコ講和条約の準備のなかで、「ソ連は断じて日本に侵入しないであろう」との確信をもっていたそうである(豊下『安保条約の成立』五二頁)。

しかも「戦争」は激減している。いまの日本は首相が「積極的平和主義」を叫びつつ、集団的自衛権や憲法改正を志向しており、昨今の中国・韓国との関係から、国民は日本が「戦争国家」に向かっていると危惧し始めているようだ。しかし、こんな時代にあって現実を直視しつつ、大きな歴史の流れのなかで、何が問われているのかも見過ごしてはならないだろう。

紛争をなくすための潮流を

あらためて、戦争や紛争形態の流れを鳥瞰しておこう。そもそも戦争は西欧から始まったが、一六～一七世紀の西欧では、国際紛争の主体は先進国であり、その傾向は第二次大戦まで続いてきた。しかし、一九五〇年代から紛争主体は先進国、紛争地域は後進国という、代理戦争へ、そして七〇年代からは、紛争主体は途上国、紛争地域は後進国だが、先進国を巻き込む型へと変化してきたと指摘されている(坂本義和「人権としての安全保障」『坂本義和集　四』岩波書店、二〇〇四年、四六～四八頁)。

冷戦後の世界はさらに大きく変わった。超大国同士の「戦争」は影をひそめ、国家と国家の戦争・紛争も、かつての「領土や国境」を争う「戦争・紛争」も激減した。長年にわたって全世界の武力紛争のデータを集計してきた、スウェーデンのウプサラ大学の研究所は、二〇〇〇年以降の傾向をこう分析している。二〇一二年において、三二件の実際の武力紛争が、世界の二六の地域で起きた。二〇一一年と比較して五件減少した。それは二〇〇〇年以降二番目に低い画期的な変化である、ということだ。

武力紛争が三二件という数は、第二次大戦以降では比較的少ない数である。一九七六年を除いて、七三年から紛争件数は確実に増加し始めていた。この三六年間、実際の紛争件数が、比較的少ない年が五回あり、最も少なかった二〇〇三年は三一件であった。これら少なかった五回の年はいずれも二〇〇〇年代であった。

さらに、最近の武力紛争件数を示すと「表」のごとくである。つまり、大規模な戦闘を要する「戦争」を考える時代ではない、ということである。「表」からも明白なごとく「紛争」件数の多数は「小規模紛争」である(*Journal of Peace Research*, Vol.50, no.4, 2013, p.509 & 511)。なかでも、先進国が、陰で武器輸出をしているにせよ、大規模な「戦争」を行うことなど、あの戦争大国・米国を除いて、考えられないことだ。その米国もいまや一国で戦争を遂行できる状態ではない。いまや、先進国が軍事力で平和を志向するなどという政策を実施すれば、その市民(civilian)

は、文明化(civilized)されてない国民だと見られてしまう。現に戦争や軍事力ばかり強調している権力者は、現状がはっきり示しているように、実は心ひそかに戦争を望んでいる野蛮人だと見られる時代だ。もはや「英雄」などではない。制度の軍事化を進め、あるいは軍備を強化する一方で、「平和国家」を標榜する指導者は、文明化されていない、野蛮な指導者だと見られて当然だ。

イギリスの軍人で元EU軍副司令官のルパート・スミスは、いつになっても軍事力にしがみついている人々の言説をこう喝破している。

> 戦争はもはや存在しない。対決、紛争、さらには戦闘は、疑いなく全世界に存在し、国家は権力の象徴として所持する武装力を有している。そうはいっても、経験的には最大の戦闘員を有する戦争、人間と機械の戦闘の場としての戦争、国際問題における論議で大規模で決定的な事件としての戦争。そのような戦争はもはや存在しないのである。 (Rupert Smith, *The Utility of Force*, 2006)

このことは、戦争の時代ではなくなったから、これで平和がやって

表　武力紛争件数

	2007	2008	2009	2010	2011	2012
小規模紛争件数	31	33	30	27	31	26
戦争件数	4	5	6	4	6	6
全紛争件数	35	38	36	31	37	32

ここでの「戦争」は国際法上の開戦宣言を行った「戦争」の意ではなく，これを含む「事実上の戦争」を意味し，武力を用いた戦闘死者数 1000 人以上を意味している．

くるわけではなく、戦争以外の上記のごとき小規模紛争やテロ、広くは暴力がなくなったことを意味するわけではなく、小規模紛争を根絶し、平和に向かって恐怖と欠乏のない世界をどう実現するかという、人類永遠の課題が残されている、ということでもある。

2　グレーゾーン——自衛権と警察権の間

自衛権と警察権はどう違うのか

つまり、かつての総力戦の時代の陸軍などほとんど意味のない時代である。部隊編成といっても高度な技術を持つ少数の部隊が中心となる。テロの場合などは、国連決議にもあるように戦争ではないので、手段は警察になる。ＰＫＯも軍隊が意味を持つのはせいぜい一年間ほどで、後は警察が意味を有すると言われる(T. Woodhouse & O. Ramsbotham eds., *Peacekeeping and Conflict Resolution*, Frank Cass, 2000, p.83)。

そこで、軍隊が有する自衛権と警察が持つ警察権の間が問題になる。国際法学者によると、「武力攻撃によって脅かされる法益とは、領土保全や政治的独立であり、法益内容としては、自衛権によって保護されようとしているもののなかでの最大の法益である」(筒井若水『国連体制と自衛権』東京大学出版会、一九九二年、一四〇頁)という。

領土保全や政治的独立以外は自衛権の対象ではないとすると、現在の紛争等は警察権の対象なのか。もちろん、日本のごとく「市民警察」のみが「警察」ではなく、外国では国境警備隊、交通警察隊、騎馬警察隊、治安警察隊(constabulary)と様々なのが一般的だが、先進国の現実を考えると、現在の紛争の現実は軍隊と警察の中間をどう概念化あるいは現実化するのかが問われているように思える。

ハイブリッド戦争とは

しかし、米国などはたしかに戦争形態に見合った軍事組織を、しかも旧来とかなり異なった軍事組織を志向しているようである。いわゆる「ハイブリッド戦争」である。日本ではハイブリッドはハイブリッド車で知られるようになったが、それ以前は動物の場合など「雑種」と訳されていたことを思い出す。米国防省の二〇一〇年の報告書(QDR)によると、ハイブリッド戦争を「作戦領域を超えた最大でかつ最も広範で可能な範囲の軍事的能力と柔軟性とを要求する戦争形態」とし、その概念を「合衆国に対する主たる挑戦であり、アメリカの従来の支配が、われわれの敵、国家であろうとそうでない敵であろうと、われわれの強さがむしばまれ、弱さが利用されるために使いうる、非対称的な戦略をもちうる動機を与える戦略」と位置付けたうえで、さらにその「ハイブリッドの脅威の出現」を「それは様々なダイナミックな在来型で、変則的、テロリスト的で犯罪的な能力という単一な対応が困難」な脅威としている(US Defense, *Quadrennial Defense Review 2010*, 2010)。

最近刊行されたジャーナリストの斎藤貴男の著書では、日米のハイブリッットぶりを「米軍の陸海空三司令部が置かれている首都圏の基地に自衛隊の陸海空三司令部が同居する」現状を指摘している(斎藤『戦争のできる国へ――安倍政権の正体』朝日新書、二〇一四年、六五頁)。紛争の多様化の下、ハイブリット化は一国を超えて進行するに違いない。

グレーゾーンの意図するもの

日本の防衛省も本音は旧来型の戦争を考えていないことは確かだ。たとえば、中期防と呼ばれる「中期防衛力整備計画(平成二三年度~平成二七年度)」によると、冒頭に書かれている「計画の方針」によれば、①統合の強化、島嶼部における対応能力強化、国際平和協力活動への対応能力強化、②本格的な侵略事態への備えは、最小限の専門的知見や技能の維持に必要な範囲に限り保持、③質の高い防衛力を効果的に整備、が挙がっている。ここからも、形態変化が窺えよう。「統合」「専門的知見」「質の高い」などの言葉が並んでいる。たしかにハイブリッドまでは考えていないようだが。

あるいは、森本敏・前防衛大臣は、石破茂、西修との鼎談で「自衛権の発動はあくまで、急迫不正の侵害、即ち、武力攻撃に限られており、これに至らない事態に対して警察権の行使によって対処している」としつつ、「マイナー自衛権」という概念を紹介している(森本、石破、西、前掲書、一七九頁)。最近は、石破自民党幹事長は、「グレーゾーン」という表現を使っている。

米国防総省のハイブリッドは、自衛権と警察権とを渾然一体化する戦略であるが、防衛省も、森本発言も現代の紛争に警察権の存在を無視できないと認めつつ、「マイナー自衛権」という自衛権の範疇を広げつつ、警察権を取り込む方向を考えているようだ。

そもそも、日本の防衛筋は警察、なかでも海上保安庁を警察として扱ってこなかった前歴がある。自衛隊の前身の保安庁を設置する際に保安隊(陸)とともに警備隊(海)という軍隊組織をつくったが、警備隊は海上公安局法に基づいて保安庁長官指揮下の海上公安局の下に入ったが、同時に海上保安庁(警察)も海上公安局の一部にすることとし、海上公安局法を公布した。

まさに軍と警が一体の組織ができたわけである。幸い参議院での審議中、参考人として出席した行政法学者の田中二郎は、両者が一体の法律に疑義を示したため、公布はされたが施行日を定めなかったため、一体となることはなかったのである(古関『「平和国家」日本の再検討』一八四頁以下)。

ことほどさように、軍と警の違い、その意味するところが、それこそ「グレーゾーン」になっていることは、あらためて再認識しておく必要がある。

いま、明確に認識しなければならないことは、冷戦から四半世紀経っていること、総力戦の可能性はまったくないことである。従って、現在の紛争の現状を直視すれば、「マイナー自衛権」ではなく、警察権の有効性を検討すべきなのである。「マイナー自衛権」も「グレーゾーン」も、いずれも自衛権の拡大、軍事化をめざしている発言だ。軍部(防衛省、自衛隊)のみが発言し、警察からの発言はない。

警察権を見直す

「脅威」に対して、近代を通じて人類は「警察比例の原則」を確立してきた。自衛権の行使に警察権のごとく、人権侵害にならないように目的達成の限度に比例して権力行使を行うという原則を再考する時代だ。冷戦期に生まれた「平時から戦時」を想定した有事法制など意味を持たない時代になったのである。

それはまた、警察権と自衛権を行使する security force という言葉が現にあるが、国連では security reform が注目されている。いずれも軍事力だけを念頭に置いていない。アンポで初めて「安全保障」という概念を知った私たちは、国家安全保障を安全保障と誤解して、軍事と関連して「安全保障」を考えるが、security はそんなものではない。

最近は、自衛権の発動をめぐって「自衛権と警察権のすき間」が政権内部で議論され、「武装漁民が尖閣諸島に上陸した場合」などが検討されているようだが、「武装漁民」は漁民なのか、それとも「漁民に変装した兵士」なのか。仮に兵士が上陸したとしても、海上保安庁(警察権)の巡視艇が一週間も遠巻きにしていれば兵糧《ひょうろう》攻めで自壊する、あるいは台風で流されてしまうだけではないのか。

いまや、こんなマイナーな議論をしているときではないであろう。「漁民」に軍隊を送ったら(自衛権の行使)どうなるか、結果は明白である。「自衛権の行使」がどんな結果を生み出すのか、歴史の教訓に学ぶべきだ。「積極的平和主義」などという内実のない平和主義はやめて、紛争形態が大きく変化している時代に、平和の実現のために警察権概念をいかに再構成するか、しかも警察制度を一国ではなく、小規模(マイナー)な紛争が絶えず、テロが国際化・大規模化するなかで、国際社会でいかなる警察制度を構想するか、これこそが重要な意味を持つ時代だろう。海保や警察、たとえば最近警視庁はテロ対策を中心に特殊救助隊を設置したが、こうした警察権と自衛権の相互関係を検討するべきだ。つまり、選択肢はいくつかあっても、次の憲法に国防軍や国家緊急権を定め、米国と一体の有事法制や秘密保護法を制定するという、総力戦の時代を思わせる時代錯誤な憲法を考える時代ではないのである。

3　不安を除去する憲法と安全保障を

不安からの脱出

アメリカの経済史家のジョン・ガルブレイスは、政治における「不安」の持つ重要な意味を自書のなかでこう記している。「すべての偉大な指導者は、一つの特徴を共通して持っています。その時代の自国の国民の最大の不安と正面から取り組もうとする意志です。ほかならぬ、これこそが、リーダーシップの本質なのです」(『不確実性の時代』講談社学術文庫、二〇〇九年、四七〇頁)。

たしかに、人類は遠い昔から個々人が精神的な「不安」を抱いて生きてきた。とはいえ、それは資本主義が急速度に発達した西欧で二〇世紀とともに、不安は社会的存在となり、経済的不安の時代を迎え、社会保障という安全保障を「発明」してこの不安を乗り越えてきた。

そして「国家」が世界の全面を覆いだした二〇世紀後半からは軍事力によって国家安全保障国家を形成して「不安」からの脱出を模索してきたのである。つまり、二〇世紀とは、「不安」が続くと、いつか戦争になるという教訓を、二度の大戦のなかで学んできたのである。

しかしいま、ヨーロッパは軍事によっては「不安」を解消できないと考え、「人間の安全保障」

とか「社会的安全保障」(Societal Security)という新しい安全保障概念を試みている(古関『安全保障とは何か』)。

「そういう安全保障観は、ヨーロッパでのみ通用する考え方だ、日本の現実を見ていない」、との声高な批判が聞こえてくる。しかし、冷静に考えて、たとえば中東のイラクでは、軍事力によって独裁者フセインをあっという間に、「迅速」かつ「効率的」に葬ることができたが、それによって何が解決したのだろうか。たしかに独裁者から脅かされる不安はなくなったが、軍事力の行使によって数倍あるいは数十倍の不安を生み出してしまったではないか。そして今やイラクの民衆にとって軍隊そのものが最大の脅威になってしまったのである。

地球規模の災厄に立ち向かうために

たしかに、東アジアはヨーロッパとは異なるが、二一世紀を迎えたいま、「不安」は従来の軍事力でも経済力でもなくなったのである。富国強兵では不安はなくならない時代だ。日本にとって、たとえば、中国からの脅威、現今言われる領土・領海を軍事力や集団的自衛権によって守ることができ、仮に安心を得られたとしても、日本のみならず中国にとってもそれに倍する「不安」が、国を超え、領土を超えて覆ってしまっているのではないか。

災害も、われわれが経験したごとく、今回の地震も、津波ばかりでなく原発事故も加わる未知の「複合災害」になっている。いまや「不安」は、複合的かつ長期的、ひょっとすると人間存在そのものの問題になりつつある。

こうした不安が、徐々にではあるが着実に、まさに世界規模で迫ってきている。先にも述べたとおり、PM2.5で知られる大気汚染であり、鳥インフルエンザに代表される感染症であり、地球の気候変動である。IPCC(国連気候変動に関する政府間パネル)の二〇一四年三月に発表された報告書は、本書ではすでに「第Ⅱ部第一章の4」の環境権のなかで紹介してきたが、欧米では「気候戦争」という書物が出ているほどである(たとえば、Gwynne Dyer, *Climate Wars*, Vintage Canada, 2008)。私たちは、あまりにも「不安」に正面から向き合っていない。

こうした脅威を脅威と気づかないほど鈍感になってしまった。「これは安全保障ではない」と考えるほど、その哲学は貧困なのだ。

地球の地唸《じうな》りが聞こえてくるではないか。領土や島、しかも無人の島を争っている時代ではない。それはいまの脅威にとってあまりにも小さすぎるし、無意味だ。安全保障観の根本的転換が求められている。圧倒的多数の、国を超えた人類がいまだ経験したことのない「不安」、いわば底知れぬ「複合不安」から脱却しうる安全保障を求めているのである。

あとがき

本書は、政府・自民党の集団的自衛権の見方が、つぎつぎと変化するなかで原稿を漸次修正しつつ、何とか完成に漕ぎつけることができた。

集団的自衛権を検討するということは、そもそも「概念」を検討することであるが、政府・自民党の議論は、いつの間にか事例で概念を決することになり、子どもじみた四事例から、一五事例にまで膨れ上がり、ご丁寧にイラスト付きになった。自公両党の合意協議では、個別的自衛権を前提とした、大昔の旧安保条約時代の砂川最高裁判決(一九五九年)を、さらには、これが受け入れられないと分かれば田中角栄内閣時代の自衛権三原則(一九七二年)を持ちだしてきた。

集団的自衛権を政府の解釈で変更することは憲法に違反すると主張されてきた。その通りである。しかし、考えてみれば従来も解釈改憲をしてきたのだ。ただ、その上で今回は異例な事態だと再確認すべきだ。たとえば、保安庁法を自衛隊法に変更する際には、国会の議決を経て(自衛隊法の公布・施行は一九五四年六月)、政府はその後、同年一二月に「政府統一見解」を示している。

順序を考えるとそれが筋である。にもかかわらず、今回は、自衛隊法の改正その他の法改正すらせず、その前に政府解釈を、しかも「解釈」より先に事例から始めた。

「国権の最高機関」(憲法四一条)である国会の議決を抜きに、内閣の議決(閣議決定)をまず行い、その後で法案作成、国会への上程へと向かおうとする手続きは、民主主義の破壊どころか、これでは寡頭政治ではないか。挙句の果てに安倍首相は、憲法で「行政権は、内閣に属する」(六五条)と定めているから、自衛権の行使変更は内閣の解釈で変更可能と述べたと報じられているが、憲法七三条の「内閣の職務権限」にはこのような権限は含まれていない。こうした事態に与党の政策を支持してきた有権者のなかからですら、その政治姿勢に失望したという声が聞かれる。それが、「声なき声」となって、事態が進むにつれて広がるであろうことは当然のことだ。

しかもこの数年、われわれは、「自国のことのみに専念して他国を無視してはならない」(憲法前文)ことを諸外国との関係で経験してきた。自国の歴史を振り返りつつ、同時に地球全体が大転換に向かう時代に生きていることは間違いない。現在が「第二の近代」とか「近代後期」などと言われるのもそのためであり、それはまた、「近代国家」「国民国家」のありようが問われているとも言えよう。

今回の集団的自衛権の議論では、なにかと武力攻撃を受けた場合ばかりが強調され、攻撃を受ければ、われわれも武力攻撃をする事態となることは議論にもならなかった。しかし、われわれが侵略を受けた経験は「元寇の襲来」の一三世紀以来七〇〇年、一度もないのである。

しかも、われわれの議論している安全保障は、「国家安全保障」という軍事力による安全保障であり、七〇年前に米国が導入した政策にすぎない。つまり、安全保障が登場した近代二〇〇年のなかのほんの一時期にすぎないのである。しかも米国を中心とした軍事力による安全保障が意味を持たなくなりはじめたことは、昨今のアフガニスタンやイラクの事態を見れば明白である。

それればかりでなく、いまや旧い政治家や戦争屋が想像していなかった脅威や危険が、全世界を覆いはじめている。じわりじわりと地球環境が悪化し、日本でもいよいよ四季がなくなり「二季」になりだしたことを誰しもが感じていることだろう。日本など、まだ深刻ではない方だ。ミクロネシアのツバルにおいては、海面が上昇し島が消失の危機にあると聞く。

これは一時的現象ではなく、しかも、この事態の改善に向けて政策を実行しても、状況を改善させるには長い時間を必要としよう。つまり、これこそがいまや人類最大の「脅威」であり、喫緊の解決が求められている課題なのである。しかも、こうした「脅威」「危険」は、感染症、原発などにも及んでいる。現在、これらが「地球安全保障」の中心課題であることは言うまでもないが、少なくとも今の日本政府は、将来の若者の未来も、本来の安全保障も考えていない、と言わざるを得ないだろう。

安倍政権は軍事的安全保障に専念し、政府もマスメディアも安全保障と言えば軍事力による国家安全保障を安全保障のすべてだと見まがい、はやくも亜熱帯と化したかのような梅雨時に、こぞってクールビズを、しかも経済効果が上がったとまで称賛し、宣伝につとめる現実感覚である。三〇年後にこうした報道が再現された時、この狂騒曲を読者・聴視者はどう見るのだろうか。

しかし、日本の現今の政治の現実が世界のすべてではないこと、しかも国家単位では解決できない時代に入ったことを多くの人々が自覚しはじめている。世界を知り、歴史を学んできた人々は、集団的自衛権を法認しようとすることが、憲法に違反し、司法審査に堪え得ず、その結果が法的不安定につながることを十分に知っている。政権を握る権力者にとって、法を変えることは容易であっても、その強権を維持することは不可能に近い。剣によってたつ者は、剣によって滅ぶと言われるが、これぞ自明の真理であろう。

最近観た映画の『ハンナ・アーレント』で、ナチスの戦犯・アイヒマンが逮捕され、イスラエルの法廷で「仕方なかったんです。そういう時代でした。皆そんな世界観で教育されていたんです」と言う言葉が忘れられない。

本書を書きながら、筆者は、気がついてみると自分が怒りを忘れた「自発的隷従民」になっていることに気づいた。今回の「研究」対象は「学問」の領域などではなく、軍事が好きな「軍事オタク」を相手にする仕事であったが、現実を見据えて立ち向かわないと、本当の「隷従民」になってしまうと自覚して本書に立ち向かった。

関西に在住している豊下楢彦氏とは、さまざまな機会を活かして検討を重ねた。編集に携わった岩波新書編集部の山川良子さんは、くるくる変わる与党合意を気にかけつつ、さまざまにご助力をくださった。あらためて御礼申し上げたい。

二〇一四年六月二二日　　通常国会閉会の日に

追記

ついに集団的自衛権の行使を認める閣議決定が発表された。

この間、「集団的自衛権」は言うまでもなく、「武力攻撃」から「積極的平和主義」に至るまで、従来の言葉を裏返しに使って、自己の主張を正当化する、いわば「ああ言えば、こう言う」という言葉が、いかに多用されてきたかを痛感させられた。

今回の閣議決定文書でも、自衛権三要件を示した部分で、憲法九条は武力の行使を「一切禁じているように見える」。しかし、憲法前文で「平和的生存権」を、憲法一三条で「生命、自由及び幸福追求に対する国民の権利」を定めていることを考えると、「必要な自衛の措置を採ることを禁じているとは到底解されない」から、「我が国」の「急迫、不正の事態に対処する」ため「必要最小限の『武力の行使』は許容される」と言っている。これは、従来の内閣見解であり、個別的自衛権のことである。

しかし、その後の自公協議のなかで「我が国ではなく他国に対しての武力攻撃が発生した場合」の「武力行使」の際の自衛隊出動は「原則として事前に国会の承認を求めることを法案に明記する」こととした。はたして、「急迫、不正の事態」で「原則として事前に国会の承認を求める」ことが可能なのか。しかも「原則として」であるから「例外なく」可能なのか、法案審議の行方に注目したい。

それればかりではない。与党の自民党はすでに「憲法改正草案」を公表しているが、そのなかでは「平和的生存権」は全文削除されているし、憲法一三条には「公益及び公の秩序に反しない限り」という、すさまじい人権制限条項を追加している。集団的自衛権を説明する上で自明のものとしているこれらの概念を捨て去るつもりであるという事実を秘した上での閣議決定なのだ。どこまで国民を愚弄する気なのか。

閣議決定ですべてが終わるわけではない。今後は多数の法改正が必要になる。主戦場は国会に移る。国会議員のみならず、有権者の行動が注目される。

それればかりか、安倍首相の歴史認識と軍事強化に対するアジア諸国・世界からの関心と批判は高い。これぞ安倍政権の最大の「功績」だ。世界の目は平和への新たな地平を拓くものでもあり、それはまた、われわれの平和への決意が試されていることでもある。

二〇一四年七月一日　集団的自衛権を閣議決定した日に

古関彰一

豊下楢彦

1945年生．京都大学法学部卒業．元関西学院大学法学部教授．専攻は国際政治論，外交史．著書に『集団的自衛権とは何か』『安保条約の成立』(いずれも岩波新書)，『昭和天皇・マッカーサー会見』『「尖閣問題」とは何か』(いずれも岩波現代文庫)，『安保条約の論理』(編著，柏書房)など．

古関彰一

1943年生．早稲田大学大学院法学研究科修士課程修了．獨協大学名誉教授．専攻は憲政史．1989年，吉野作造賞受賞．著書に『安全保障とは何か』(岩波書店)，『日本国憲法の誕生』『「平和国家」日本の再検討』(いずれも岩波現代文庫)，『日本国憲法　平和的共存権への道』(共著，高文研)など．

集団的自衛権と安全保障　　岩波新書(新赤版)1491

2014年7月18日　第1刷発行

著　者　豊下楢彦《とよしたならひこ》　古関彰一《こせきしょういち》

発行者　岡本　厚

発行所　株式会社 岩波書店
〒101-8002 東京都千代田区一ツ橋2-5-5
案内 03-5210-4000　販売部 03-5210-4111
http://www.iwanami.co.jp/

新書編集部 03-5210-4054
http://www.iwanamishinsho.com/

印刷・三陽社　カバー・半七印刷　製本・中永製本

ISBN 978-4-00-431491-2　　Printed in Japan

岩波新書新赤版一〇〇〇点に際して

ひとつの時代が終わったと言われて久しい。だが、その先にいかなる時代を展望するのか、私たちはその輪郭すら描きえていない。二〇世紀から持ち越した課題の多くは、未だ解決の緒を見つけることのできないままであり、二一世紀が新たに招きよせた問題も少なくない。グローバル資本主義の浸透、憎悪の連鎖、暴力の応酬――世界は混沌として深い不安の只中にある。

現代社会においては変化が常態となり、速さと新しさに絶対的な価値が与えられた。消費社会の深化と情報技術の革命は、種々の境界を無くし、人々の生活やコミュニケーションの様式を根底から変容させてきた。ライフスタイルは多様化し、一面では個人の生き方をそれぞれが選びとる時代が始まっている。同時に、新たな格差が生まれ、様々な次元での亀裂や分断が深まっている。社会や歴史に対する意識が揺らぎ、普遍的な理念に対する根本的な懐疑や、現実を変えることへの無力感がひそかに根を張りつつある。そして生きることに誰もが困難を覚える時代が到来している。

しかし、日常生活のそれぞれの場で、自由と民主主義を獲得し実践することを通じて、私たち自身がそうした閉塞を乗り超え、希望の時代の幕開けを告げてゆくことは不可能ではあるまい。そのためにいま求められていること――それは、個と個の間で開かれた対話を積み重ねながら、人間らしく生きることの条件について一人ひとりが粘り強く思考することではないか。その営みの糧となるものが、教養に外ならないと私たちは考える。歴史とは何か、よく生きるとはいかなることか、世界そして人間はどこへ向かうべきなのか――こうした根源的な問いとの格闘が、文化と知の厚みを作り出し、個人と社会を支える基盤としての教養となった。まさにそのような教養への道案内こそ、岩波新書が創刊以来、追求してきたことである。

岩波新書は、日中戦争下の一九三八年一一月に赤版として創刊された。創刊の辞は、道義の精神に則らない日本の行動を憂慮し、批判的精神と良心的行動の欠如を戒めつつ、現代人の現代的教養を刊行の目的とする、と謳っている。以後、青版、黄版、新赤版と装いを改めながら、合計二五〇〇点余りを世に問うてきた。そして、いままた新赤版が一〇〇〇点を迎えたのを機に、人間の理性と良心への信頼を再確認し、それに裏打ちされた文化を培っていく決意を込めて、新しい装丁のもとに再出発したいと思う。一冊一冊から吹き出す新風が一人でも多くの読者の許に届くこと、そして希望ある時代への想像力を豊かにかき立てることを切に願う。

（二〇〇六年四月）

政治

日本は戦争をするのか　半田　滋
「戦地」派遣　変わる自衛隊　半田　滋
アジア力の世紀　進藤榮一
民族紛争　月村太郎
自治体のエネルギー戦略　大野輝之
政治的思考　杉田　敦
現代日本の政党デモクラシー　中北浩爾
サイバー時代の戦争　谷口長世
現代中国の政治　唐　亮
政権交代とは何だったのか　山口二郎
政権交代論　山口二郎
戦後政治の崩壊　山口二郎
日本政治　再生の条件　山口二郎編著
戦後政治史〔第三版〕　石川真澄・山口二郎
日本の国会　大山礼子
〈私〉時代のデモクラシー　宇野重規

大臣〔増補版〕　菅　直人
生活保障　排除しない社会へ　宮本太郎
「ふるさと」の発想　西川一誠
政治の精神　佐々木毅
ドキュメント　アメリカの金権政治　軽部謙介
民族とネイション　塩川伸明
昭和天皇　原　武史
自衛隊　変容のゆくえ　前田哲男
集団的自衛権とは何か　豊下楢彦
安保条約の成立　豊下楢彦
沖縄密約　西山太吉
市民の政治学　篠原　一
東京都政　佐々木信夫
政治・行政の考え方　松下圭一
市民自治の憲法理論　松下圭一
岸　信介　原　彬久
自由主義の再検討　藤原保信
海を渡る自衛隊　佐々木芳隆
象徴天皇　高橋　紘

人間と政治　南原　繁
近代の政治思想　福田歓一

岩波新書より

法律

憲法への招待〔新版〕　渋谷秀樹
比較のなかの改憲論　辻村みよ子
著作権の考え方　岡本　薫
自由と国家　樋口陽一
憲法と国家　樋口陽一
比較のなかの日本国憲法　樋口陽一
大災害と法　津久井進
変革期の地方自治法　兼子　仁
原発訴訟　海渡雄一
民法改正を考える　大村敦志
労働法入門　水町勇一郎
人が人を裁くということ　小坂井敏晶
知的財産法入門　小泉直樹
消費者の権利〔新版〕　正田　彬
司法官僚 裁判所の権力者たち　新藤宗幸
名誉毀損　山田隆司
刑法入門　山口　厚
家族と法　二宮周平
会社法入門　神田秀樹
憲法とは何か　長谷部恭男
良心の自由と子どもたち　西原博史
独占禁止法　村上政博
有事法制批判　憲法再生フォーラム編
裁判官はなぜ誤るのか　秋山賢三
法とは何か〔新版〕　渡辺洋三
法を学ぶ　渡辺洋三
日本社会と法　渡辺洋三・甲斐道太郎・広渡清吾・小森田秋夫編
民法のすすめ　星野英一
納税者の権利　北野弘久
小繋事件　戒能通孝
日本人の法意識　川島武宜

カラー版

カラー版 北斎　大久保純一
カラー版 浮世絵　大久保純一
カラー版 四国八十八ヵ所　石川文洋
カラー版 ベトナム 戦争と平和　石川文洋
カラー版 知床・北方四島　大泰司紀之・本間浩昭
カラー版 西洋陶磁入門　大平雅巳
カラー版 すばる望遠鏡の宇宙　海部宣男・宮下曉彦写真
カラー版 ブッダの旅　丸山　勇
カラー版 難民キャンプの子どもたち　田沼武能
カラー版 ハッブル望遠鏡の宇宙遺産　野本陽代
カラー版 ハッブル望遠鏡が見た宇宙　野本陽代・R・ウィリアムズ
カラー版 細胞紳士録　藤田恒夫・牛木辰男
カラー版 メッカ　野町和嘉
カラー版 シベリア動物誌　福田俊司

社会

ひとり親家庭	赤石千衣子
女のからだ　フェミニズム以後	荻野美穂
〈老いがい〉の時代	天野正子
子どもの貧困 II	阿部　彩
子どもの貧困	阿部　彩
性と法律	角田由紀子
〈ヘイト・スピーチ〉とは何か	師岡康子
生活保護から考える	稲葉　剛
かつお節と日本人	宮内泰介・藤林　泰
家事労働ハラスメント	竹信三恵子
ルポ 雇用劣化不況	竹信三恵子
福島原発事故 県民健康管理調査の闇	日野行介
電気料金はなぜ上がるのか	朝日新聞経済部
おとなが育つ条件	柏木惠子
在日外国人〔第三版〕	田中　宏
まち再生の術語集	延藤安弘
震災日録　記憶を記録する	森まゆみ
原発をつくらせない人びと	山秋　真
社会人の生き方	暉峻淑子
豊かさの条件	暉峻淑子
豊かさとは何か	暉峻淑子
構造災　科学技術社会に潜む危機	松本三和夫
家族という意志	芹沢俊介
ルポ 良心と義務	田中伸尚
靖国の戦後史	田中伸尚
日の丸・君が代の戦後史	田中伸尚
飯舘村は負けない	千葉悦子・松野光伸
夢よりも深い覚醒へ	大澤真幸
不可能性の時代	大澤真幸
3・11 複合被災	外岡秀俊
子どもの声を社会へ	桜井智恵子
就職とは何か	森岡孝二
働きすぎの時代	森岡孝二
日本のデザイン	原　研哉
ポジティヴ・アクション	辻村みよ子
脱原子力社会へ	長谷川公一
希望は絶望のど真ん中に	むのたけじ
戦争絶滅へ、人間復活へ	むのたけじ・黒岩比佐子 聞き手
福島 原発と人びと	広河隆一
アスベスト　広がる被害	大島秀利
原発を終わらせる	石橋克彦編
大震災のなかで　私たちは何をすべきか	内橋克人編
日本の食糧が危ない	中村靖彦
ウォーター・ビジネス	中村靖彦
勲章　知られざる素顔	栗原俊雄
生き方の不平等	白波瀬佐和子
同性愛と異性愛	風間　孝・河口和也
居住の貧困	本間義人
贅沢の条件	山田登世子
ブランドの条件	山田登世子
新しい労働社会	濱口桂一郎
世代間連帯	上野千鶴子・辻元清美
当事者主権	中西正司・上野千鶴子

岩波新書より

道路をどうするか　五十嵐敬喜・小川明雄
建築紛争　五十嵐敬喜・小川明雄
「都市再生」を問う　五十嵐敬喜・小川明雄
ルポ 労働と戦争　島本慈子
戦争で死ぬ、ということ　島本慈子
ルポ 解雇　島本慈子
子どもへの性的虐待　森田ゆり
森の力　浜田久美子
テレワーク 「未来型労働」の現実　佐藤彰男
反貧困　湯浅誠
地域の力　大江正章
ベースボールの夢　内田隆三
グアムと日本人 戦争を埋立てた楽園　山口誠
少子社会日本　山田昌弘
「悩み」の正体　香山リカ
いまどきの「常識」　香山リカ
若者の法則　香山リカ
変えてゆく勇気　上川あや

定年後　加藤仁
労働ダンピング　中野麻美
誰のための会社にするか　ロナルド・ドーア
ルポ 改憲潮流　斎藤貴男
安心のファシズム　斎藤貴男
社会学入門　見田宗介
現代社会の理論　見田宗介
冠婚葬祭のひみつ　斎藤美奈子
少年事件に取り組む　藤原正範
まちづくりと景観　田村明
まちづくりの実践　田村明
悪役レスラーは笑う　森達也
大型店とまちづくり　矢作弘
桜が創った「日本」　佐藤俊樹
憲法九条の戦後史　田中伸尚
生きる意味　上田紀行
ルポ 戦争協力拒否　吉田敏浩
社会起業家　斎藤槙
逆システム学　金子勝・児玉龍彦

男女共同参画の時代　鹿嶋敬
日本の刑務所　菊田幸一
山が消えた 残土・産廃戦争　佐久間充
ああダンプ街道　佐久間充
少年犯罪と向きあう　石井小夜子
仕事が人をつくる　小関智弘
自白の心理学　浜田寿美男
原発事故はなぜくりかえすのか　高木仁三郎
プルトニウムの恐怖　高木仁三郎
女性労働と企業社会　熊沢誠
能力主義と企業社会　熊沢誠
証言 水俣病　栗原彬編
コンクリートが危ない　小林一輔
東京国税局査察部　立石勝規
バリアフリーをつくる　光野有次
ドキュメント 屠場　鎌田慧
現代社会と教育　堀尾輝久
原発事故を問う　七沢潔

環境・地球

- エネルギーを選びなおす　小澤祥司
- 欧州のエネルギーシフト　脇阪紀行
- グリーン経済最前線　井田徹治　末吉竹二郎
- 低炭素社会のデザイン　西岡秀三
- 環境アセスメントとは何か　原科幸彦
- 生物多様性とは何か　井田徹治
- キリマンジャロの雪が消えていく　石　弘之
- 地球環境報告Ⅱ　石　弘之
- 酸性雨　石　弘之
- 地球環境報告　石　弘之
- イワシと気候変動　川崎　健
- 森林と人間　石城謙吉
- 世界森林報告　山田　勇
- 地球の水が危ない　高橋　裕
- 地球持続の技術　小宮山宏
- 環境税とは何か　石　弘光
- ゴミと化学物質　酒井伸一
- 山の自然学　小泉武栄
- 地球温暖化を防ぐ　佐和隆光
- 地球環境問題とは何か　米本昌平
- 水俣病は終っていない　原田正純
- 水俣病　原田正純

情報・メディア

- 震災と情報　徳田雄洋
- デジタル社会はなぜ生きにくいか　徳田雄洋
- メディアと日本人　橋元良明
- 本は、これから　池澤夏樹編
- インターネット新世代　村井　純
- インターネットⅡ　村井　純
- インターネット　村井　純
- ジャーナリズムの可能性　原　寿雄
- ＩＴリスクの考え方　佐々木良一
- ユビキタスとは何か　坂村　健
- ウェブ社会をどう生きるか　西垣　通
- ＩＴ革命　西垣　通
- 報道被害　梓澤和幸
- メディア社会　佐藤卓己
- 現代の戦争報道　門奈直樹
- 未来をつくる図書館　菅谷明子
- メディア・リテラシー　菅谷明子
- テレビの21世紀　岡村黎明
- インターネット術語集Ⅱ　矢野直明
- インターネット術語集　矢野直明
- 広告のヒロインたち　島森路子
- Windows 入門　脇　英世
- フォト・ジャーナリストの眼　長倉洋海
- 職業としての編集者　吉野源三郎

哲学・思想

ヘーゲルとその時代	権左武志
柳 宗悦	中見真理
人類哲学序説	梅原 猛
加藤周一	海老坂 武
哲学のヒント	藤田正勝
空海と日本思想	篠原資明
論語入門	井波律子
トクヴィル 現代へのまなざし	富永茂樹
和辻哲郎	熊野純彦
西洋哲学史 近代から現代へ	熊野純彦
西洋哲学史 古代から中世へ	熊野純彦
現代思想の断層	徳永 恂
宮本武蔵	魚住孝至
いま哲学とはなにか	岩田靖夫
西田幾多郎	藤田正勝
善と悪	大庭 健
丸山眞男	苅部 直
世界共和国へ	柄谷行人
ラッセルのパラドクス	三浦俊彦
古代中国の文明観	浅野裕一
悪について	中島義道
ポストコロニアリズム	本橋哲也
ハイデガーの思想	木田 元
現象学	木田 元
私とは何か	上田閑照
戦争論	多木浩二
キケロ	高田康成
プラトンの哲学	藤沢令夫
術語集 II	中村雄二郎
臨床の知とは何か	中村雄二郎
術語集	中村雄二郎
哲学の現在	中村雄二郎
内村鑑三	鈴木範久
モーセ	浅野順一
マックス・ヴェーバー入門	山之内 靖
民族という名の宗教	なだいなだ
権威と権力	なだいなだ
ニーチェ	三島憲一
「文明論之概略」を読む 上・中・下	丸山真男
日本の思想	丸山真男
文化人類学への招待	山口昌男
生きる場の哲学	花崎皋平
イスラーム哲学の原像	井筒俊彦
アリストテレス	山本光雄
近代日本の思想家たち	林 茂
孟子	金谷 治
知者たちの言葉	斎藤忍随
プラトン	斎藤忍随
朱子学と陽明学	島田虔次
デカルト	野田又夫
ソクラテス	田中美知太郎
現代論理学入門	沢田允茂
哲学入門	三木 清

岩波新書より

龍の棲む日本	黒田日出男
植民地朝鮮の日本人	高崎宗司
漂着船物語	大庭　脩
東西／南北考	赤坂憲雄
日本文化の歴史	尾藤正英
熊野古道	小山靖憲
日本の神々	谷川健一
日本の地名	谷川健一
小国主義	田中　彰
南京事件	笠原十九司
裏日本	古厩忠夫
日本社会の歴史 上・中・下	網野善彦
日本中世の民衆像	網野善彦
絵地図の世界像	応地利明
古都発掘	田中　琢編
宣教師ニコライと明治日本	中村健之介
神仏習合	義江彰夫
謎解き 洛中洛外図	黒田日出男

韓国併合	海野福寿
従軍慰安婦	吉見義明
中世に生きる女たち	脇田晴子
琉球王国	高良倉吉
平泉 よみがえる中世都市	斉藤利男
暮らしの中の太平洋戦争	山中　恒
ルソン戦―死の谷	阿利莫二
江戸名物評判記案内	中野三敏
靖国神社	大江志乃夫
徴兵制	大江志乃夫
GHQ	竹前栄治
田中正造	由井正臣
日本文化史〔第二版〕	家永三郎
原爆に夫を奪われて	神田三亀男編
神々の明治維新	安丸良夫
神の民俗誌	宮田　登
世界史のなかの明治維新	芝原拓自
大工道具の歴史	村松貞次郎
漂海民	羽原又吉

天保の義民	松好貞夫
太平洋海戦史	高木惣吉
太平洋戦争陸戦概史	林　三郎
昭和史〔新版〕	遠山茂樹・今井清一・藤原　彰
日韓併合小史	山辺健太郎
管野すが	絲屋寿雄
福沢諭吉	小泉信三
大岡越前守忠相	大石慎三郎
江戸時代	北島正元
織田信長	鈴木良一
豊臣秀吉	鈴木良一
京都	林屋辰三郎
日本国家の起源	井上光貞
日本の歴史 上・中・下	井上　清
天皇の祭祀	村上重良
米軍と農民	阿波根昌鴻
伝説	柳田国男
岩波新書の歴史 付・総目録1938–2006	鹿野政直

世界史

- イギリス史10講　近藤和彦
- 植民地朝鮮と日本　趙景達
- 近代朝鮮と日本　趙景達
- シルクロードの古代都市　加藤九祚
- 中華人民共和国史〔新版〕　天児慧
- 物語 朝鮮王朝の滅亡　金重明
- マヤ文明　青木和夫
- 北朝鮮現代史　和田春樹
- 四字熟語の中国史　冨谷至
- 李鴻章　岡本隆司
- 新しい世界史へ　羽田正
- パル判事　中里成章
- グランドツアー 18世紀イタリアへの旅　岡田温司
- 玄奘三蔵、シルクロードを行く　前田耕作
- マルコムX　荒このみ
- パリ 都市統治の近代　喜安朗

- ノモンハン戦争 モンゴルと満洲国　田中克彦
- 中国という世界　竹内実
- 毛沢東　竹内実
- ウィーン 都市の近代　田口晃
- 好戦の共和国 アメリカ　油井大三郎
- 空爆の歴史　荒井信一
- 紫禁城　入江曜子
- 溥儀　入江曜子
- ジャガイモのきた道　山本紀夫
- 北京　春名徹
- 朝鮮通信使　仲尾宏
- フランス史10講　柴田三千雄
- 地中海　樺山紘一
- 韓国現代史　文京洙
- 多神教と一神教　本村凌二
- 奇人と異才の中国史　井波律子
- 古代オリンピック　桜井万里子・橋場弦 編
- ドイツ史10講　坂井榮八郎
- ナチ・ドイツと言語　宮田光雄

- ニューヨーク　亀井俊介
- ローマ散策　河島英昭
- 離散するユダヤ人　小岸昭
- 現代史を学ぶ　溪内謙
- アメリカ黒人の歴史〔新版〕　本田創造
- 諸葛孔明　立間祥介
- 上海一九三〇年　尾崎秀樹
- ゴマの来た道　小林貞作
- 文化大革命と現代中国　安藤正士・太田勝洪・辻康吾
- 中国近現代史　小島晋治・丸山松幸
- ペスト大流行　村上陽一郎
- 中世ローマ帝国　渡辺金一
- 暗い夜の記録　許広平 安藤彦太郎 訳
- 陶磁の道　三上次男
- インカ帝国　泉靖一
- 玄奘三蔵　前嶋信次
- 中国の隠者　富士正晴
- 漢の武帝　吉川幸次郎